Python 编程与计算思维

◎ 喻蓉蓉 编著

清華大學出版社
北京

内容简介

本书共8章，内容包括问题求解中的计算思维、Python编程基础、问题求解中的顺序结构、问题求解中的选择结构、问题求解中的循环结构、组合数据类型、函数、常用的经典算法。全书知识讲解由浅入深、循序渐进，运用计算思维求解问题的思想介绍Python语言的知识结构，不仅注重学习者知识与技能的掌握，更强调学习者思维习惯的养成，以期为学习者将来的学习打下良好的基础。

本书免费提供教学课件、源代码和微课视频，适合有一定数学基础的中高年级小学生和中学生，以及初学编程的自学者和编程爱好者使用，也可以作为中小学一线信息技术教师学习Python语言的入门教材。

图书在版编目(CIP)数据

Python编程与计算思维/喻蓉蓉编著.—北京：清华大学出版社，2022.1
ISBN 978-7-302-59141-2

Ⅰ.①P… Ⅱ.①喻… Ⅲ.①软件工具－程序设计－青少年读物 Ⅳ.①TP311.561-49

中国版本图书馆CIP数据核字(2021)第182823号

责任编辑：王剑乔
封面设计：刘　键
责任校对：刘　静
责任印制：曹婉颖

出版发行：清华大学出版社
　　网　　址：http://www.tup.com.cn，http://www.wqbook.com
　　地　　址：北京清华大学学研大厦A座　　**邮　　编**：100084
　　社 总 机：010-62770175　　**邮　　购**：010-62786544
　　投稿与读者服务：010-62776969，c-service@tup.tsinghua.edu.cn
　　质量反馈：010-62772015，zhiliang@tup.tsinghua.edu.cn
　　课件下载：http://www.tup.com.cn，010-83470410
印 装 者：三河市科茂嘉荣印务有限公司
经　　销：全国新华书店
开　　本：185mm×260mm　　**印　　张**：8.5　　**字　　数**：204千字
版　　次：2022年1月第1版　　**印　　次**：2022年1月第1次印刷
定　　价：39.00元

产品编号：091173-01

序一

1984 年，改革开放总设计师邓小平同志摸着一位少年的头说："计算机普及要从娃娃抓起。"转眼快四十年过去了，人类社会已经进入信息时代。邓小平同志那句高瞻远瞩的嘱咐可以说早已实现——现在的娃娃们熟练使用计算机已毫不稀奇。

北京大学招收的许多高中信息学奥赛优秀选手是从小学开始学习编程的。编程竞赛的传奇人物——白俄罗斯的 Gennady(网名 Tourist)，六岁开始学习编程，十一岁代表白俄罗斯国家队获得国际信息学奥赛银牌；马斯克、扎克伯格、布林等一些当今科技企业的创始人也是在小学学龄开始学习编程。当然，并非只有这些人才可以从小学习编程。编程和数学一样，是普通小学生都应该学习且能够学会的基本技能。

如今，Python 语言以其简洁明了的语法、强大的功能、完备而有趣的生态，成为非计算机专业人士学习编程的首选语言，同时，也非常适用于中小学编程的普及教育。

喻蓉蓉老师指导学生参加信息学竞赛多年，深受学生喜爱，且成绩斐然。她编写的这本书浅显易懂，生动活泼，能激发起学生的学习兴趣。更难得的是，本书不仅语法讲解恰到好处，对计算思维的培养更是实实在在，可以让学生初步领略编程之美。本书部分例题来自北京大学在线程序评测平台 openjudge. cn，严格的题型对刚入门的学生培养严谨、缜密的编程习惯和思维习惯大有裨益。

本书做到了以学生的视角和心理为出发点，从本书的字里行间，能够看到作者对信息学教育的深入理解。相信以本书作为教材，教师可以教得轻松，学生可以学得愉快且收获满满，故大力推荐！

郭 炜

北京大学信息科学技术学院

2021 年 4 月 26 日

序 二

《普通高中信息技术课程标准(2017年版)》颁布之后,各地高中将Python纳入信息技术教学范围,不少省份的初中也在尝试Python教学,以便为高中学习夯实基础。在这种背景下,部分小学开始探索Python教学,其中,南京外国语学校仙林分校自2019年3月在全校五年级下学期和六年级上学期全面开展Python教学,经过两年的教学实践,发现小学生学习Python具有可行性。

本书是喻蓉蓉老师在Python教学实践的基础上整理而成的。书中的主要内容围绕程序设计的三种基本结构展开,选择的例题都为经典的问题,且多与数学相结合,贴近学生的学习经验,容易激发学生的学习兴趣,帮助学生体会用程序设计解决问题的优势,且可以为其数学学习助力。本书前五章内容可以满足中小学Python普适性教学的现实需求,面向特长或社团学生的教学则可以拓展至后续函数及经典算法等内容。有基础,有提升,体现本书内容设计时考虑的全面性。

书中的案例讲解沿用“分析问题—抽象建模—设计算法—编写程序—运行结果”的思路展开,一方面使得内容呈现线索清晰,另一方面有助于培养学生养成并习惯这种解决问题的思路。这一思路也体现出编著者对计算思维的理解与教学追求。书中每一课的后面都附有“实践园”,帮助学生在学习的基础上继续练习巩固,加深理解。相信此书可以为中小学Python教学提供帮助。

朱彩兰

南京师范大学教育科学学院

2021年4月27日

序 三

自2017年我校小学部普及编程教育计划以来，信息组全体教师一起学习，一起研讨，不断实践与探索，只为寻求适合中小学生发展的编程教育，以期为学生的未来播下一颗计算思维的种子。喻蓉蓉老师作为信息技术教师中的一员，在日常教学工作中，坚持不断总结与反思，并根据学情，编写出这本适合中小学生的普及性Python编程用书，令人钦佩！

这是一本能够让中小学生读懂的编程书。此书不仅是她和孩子们共同探索编程之旅的有力见证，更是凝聚了她的智慧和情感的心血之作。

愿本书的出版能够让更多的中小学生爱上编程，并能轻松地学习编程，同时能助有志于投身编程教育的一线信息教师一臂之力。

张蕾芬

南京外国语学校仙林分校小学部校长

2021年4月28日

前言

一、本书的写作背景

随着人工智能的飞速发展，Python 语言凭借自身简单易学、可读性强、功能强大等优势，从众多编程语言中脱颖而出，成为当今世界广受欢迎的程序设计语言之一。对于初学编程者，尤其是对于中小学生而言，Python 语言无疑是最佳的选择，因为它(不同于其他程序设计语言)没有复杂的语法结构，学习者在学习编程时，仅须关注待求问题本身即可，而无须花精力去学习晦涩难懂的语法细节。

2019 年 3 月，南京外国语学校仙林分校信息技术教研组经研究决定选用 Python 语言作为江苏省省编小学信息技术教材的有效补充，在小学高年段(五年级下学期和六年级上学期)面向全体学生开设 Python 编程课。经过两年的教学实践，取得了较好的效果。美中不足的是，在教学实践的过程中，我一直没有找到一本系统地、完整地将计算思维融入 Python 编程且适合中小学生学习的教材。于是，我决定根据中小学生的认知特点和学情特点，结合两年的教学实践与探索，编写这本融入计算思维的 Python 编程教材。

二、本书的内容结构

本书共分为 8 章，主要包括问题求解中的计算思维、Python 编程基础、问题求解中的顺序结构、问题术解中的选择结构、问题术解中的循环结构、组合数据类型、函数、常用的经典算法。本书中部分题目来自网站 http://noi. openjudge. cn，这是一个在线测评系统，学生在线提交程序前须先将该网站的编程语言选为 Python 语言(默认的语言是 C++)。

三、本书的特色

本书不仅注重学习者编程技能的培养，更注重学习者计算思维(信息技术学科核心素养之一)的培养，即更加着重于培养学习者分析问题和解决问题的能力。

本书少理论，多案例，使学习者在案例分析中深刻理解理论知识。书中选取了大量具有明显计算思维特征的经典案例，并按照“分析问题→抽象建模→设计算法→编写程序→运行结果”的流程进行讲解，让学习者在学习 Python 编程的过程中，被潜移默化地培养和训练了以计算思维为核心的思维模式。这样的编排方式既能发展学科核心素养的育人目标，又能为学习者未来的学习撒下一颗计算思维的种子。

四、本书适合的人群

本书适合有一定数学基础的中高年级小学生和中学生、初学编程的自学者和编程爱好者以及中小学一线信息技术教师作为编程入门教材使用。

由于编著者水平有限，书中难免有不足之处，敬请各位读者批评、指正，本人将不胜感激。

喻蓉蓉

2021 年 4 月

大家好，我是一只可爱的小猫头鹰，名叫“飞飞”。今天，我和喻老师邀请大家一起来学习 Python 编程，同学们，让我们一起开启 Python 编程之旅吧！

本书源代码和课件（扫描二维码可下载使用）

目 录

Chapter 1

第1章

问题求解中的计算思维

计算思维是信息技术学科的四大核心素养（信息意识、计算思维、数字化学习与创新、信息社会责任）之一。在当今的数字化时代里，它将慢慢与“读、写、算”一样，成为人人都应该具备的基本能力。

本章将介绍计算思维的概念、计算思维与算法、算法的三大基本结构以及使用计算机进行问题求解的一般步骤。

第1课　初识计算思维

认识计算思维及其基本特征。

初识计算思维

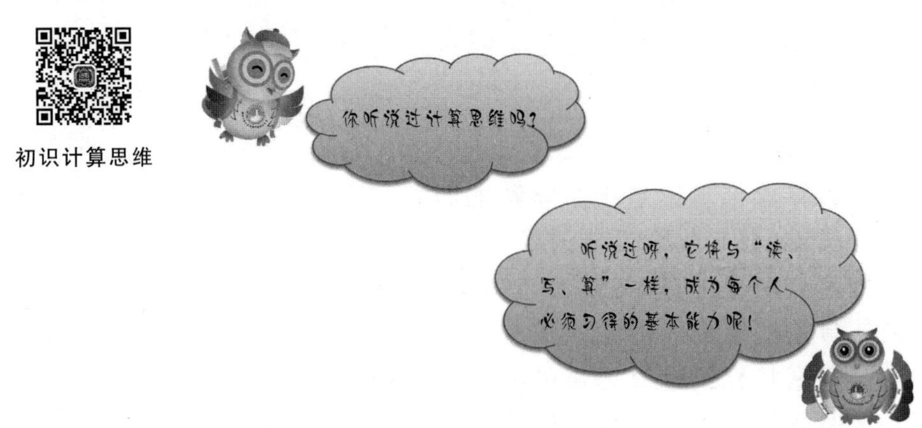

请在10秒内计算下列5个数的和,如表1.1所示。

表　1.1

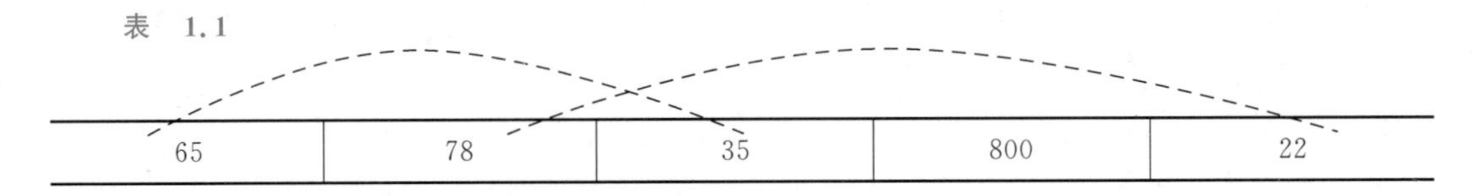

65	78	35	800	22

【分析】　我们可以利用加法的交换律、结合律“凑整”,快速地计算出这5个数的和为1000。

请在10秒内计算出下列10000个数的和,如表1.2所示。

表　1.2

2573	114	2689	4550	…	928

你会怎样计算出这10000个数的和呢?

【分析】　求解表1.2所示10000个数的和的方法很多,比如可以使用Excel表中的自动求和功能,或者编写求和小程序等方法计算出这10000个数的和。

在表1.1中,我们使用大脑思考并解决问题,这样的思维方式称为数学思维。而在表1.2中,我们使用Excel表或编程等方法解决问题,这样的思维方式称为计算思维。简单地说,计算思维就是利用计算机科学领域的思维方法,在形成问题求解方案过程中产生的一系列思维活动。

1. 计算思维的定义

关于计算思维的定义,到目前为止并没有统一明确的定义。不过早在2006年,美国卡内基梅隆大学的周以真教授就曾提出："计算思维是运用计算机科学的基础概念进行问题求解、系统设计以及人类行为理解等涵盖计算机科学领域的一系列思维活动。"

【例 1.1】 某警察局抓了 A、B、C、D 四名偷窃嫌疑犯，其中只有一人是小偷，审问记录如下。

A 说："我不是小偷。"

B 说："C 是小偷。"

C 说："小偷肯定是 D。"

D 说："C 在冤枉人。"

已知四人中有三人说的是真话，一人说的是假话。到底谁是小偷呢？

【分析问题】

用图 1.1 列出问题的关键信息。

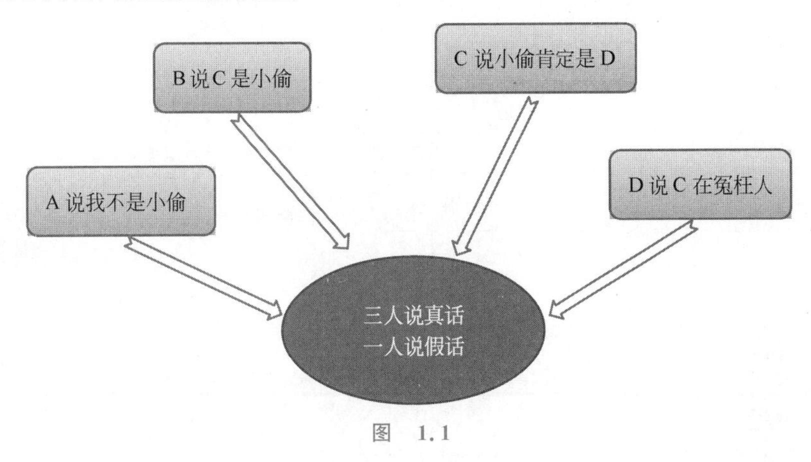

图 1.1

根据题意，首先从确定的已知条件(三人说真话、一人说假话)为切入点，然后依次假设 A、B、C、D 是小偷，再一一代入 A、B、C、D 四人说的四句话中，检验"三人真话、一人假话"是否成立，如果成立，则对应的假设成立，即找到小偷。

【抽象建模】

根据以上问题分析，可将问题抽象成数学符号。假设 x 是小偷，当 x 分别为 1、2、3、4 时，分别表示 A、B、C、D 是小偷。

根据以上问题抽象，可建立计算模型如表 1.3 所示。

表 1.3

嫌疑犯	表述	抽象建模
A	我不是小偷	$x\neq1$
B	C 是小偷	$x=3$
C	小偷肯定是 D	$x=4$
D	C 在冤枉人	$x\neq4$

【设计算法】

根据上述计算模型，可设计算法如下。

（1）假设 A、B、C、D 分别是 1、2、3、4。

（2）假设变量 x 是小偷。

（3）x 从 1 开始，逐个检验“三人说真话，一人说假话”是否成立。如果成立，找到小偷，否则继续检验下一个数 x+1。也就是说，当 x 使逻辑表达式(x!=1)+(x==3)+(x==4)+(x!=4)==3 成立，那么 x 就是小偷。

算法的流程图如图 1.2 所示。

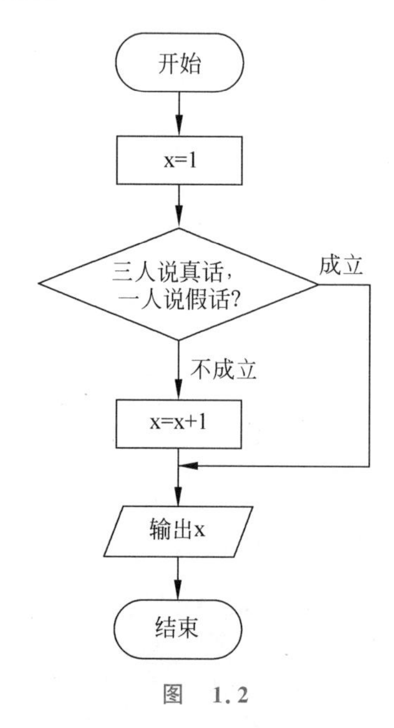

图 1.2

【编写程序】

根据上述算法描述，可以编写程序如图 1.3 所示。

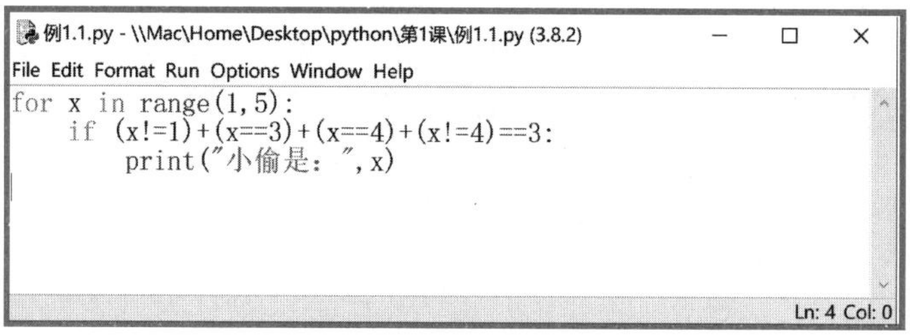

例1.1.py - \\Mac\Home\Desktop\python\第1课\例1.1.py (3.8.2)

File Edit Format Run Options Window Help

```
for x in range(1,5):
    if (x!=1)+(x==3)+(x==4)+(x!=4)==3:
        print("小偷是：",x)
```

Ln: 4 Col: 0

图 1.3

【运行结果】

运行程序可以得出结果如下。

```
小偷是：3
```

从以上运行结果可以得出问题的解，即 C 是小偷。

在例 1.1 中，我们按照“分析问题→抽象建模→设计算法→编写程序→运行结果”的流程进行解析，这样的过程正是计算思维的体现，计算思维的本质内涵是抽象和自动化。计算思维的关键在于如何根据问题求解的需求设计出有效的算法，并选择适当的方法（此处采用Python 编程的方法）来实现算法。那么，什么是算法呢？本书将在第 2 课中详细介绍。

2. 计算思维的基本特征

（1）计算思维是概念化的抽象思维，而非程序思维。

计算机科学并不仅仅是计算机编程，还要求能够在抽象的多个层次上进行思维。

（2）计算思维是人的思维方式，而不是计算机的思维方式。

计算思维是人类求解问题的途径，但并非使人像计算机那样去思考。

（3）计算思维是数学思维和工程思维互补融合的思维。

计算机科学在本质上源自数学思维，它像所有的科学一样，其形式化基础建筑于数学之上。计算机科学又从本质上源自工程思维，因为我们建造的是能够与实际世界互动的系统，基本计算设备的限制迫使计算机学家必须计算性地思考，不能只是数学性地思考。构建虚拟世界的自由使我们能够设计超越物理世界的各种系统。

实践园

（1）什么是计算思维？

（2）计算思维有哪些基本特征？

第2课 计算思维与算法

(1) 了解计算思维与算法思维的关系。

(2) 了解算法的含义、特征及其描述。

计算思维与算法

1. 算法的定义

算法指的是解决问题的方案和具体步骤。按照算法的形式,可分为生活领域内的算法、数学领域内的算法和计算机科学领域内的算法三种。

1) 生活领域内的算法

生活领域内的算法是指完成某一项任务的方案和具体步骤,如一道美食的烹饪过程等,其算法执行者一般是人。

【例 2.1】 一道家常红烧鱼的做法。

步骤一:准备材料鱼、葱、姜、油、盐、糖、酱油、料酒等。

步骤二:锅烧热加油,加入葱、姜,加入鱼煎至两面金黄,加入料酒、酱油、盐、糖。

步骤三:加入水,烧15~20分钟,然后放少许鸡精,出锅。

步骤四:红烧鱼完成。

2) 数学领域内的算法

数学领域内的算法是指对一类计算问题进行机械、统一求解的方法。如运用辗转相除法求两个正整数的最大公约数等,其算法执行者往往也是人。

【例 2.2】 用辗转相除法计算18和30的最大公约数。

辗转相除法就是用较大的数除以较小的数,再用除数除以出现的第一个余数,接着再用第一个余数除以出现的第二个余数，如此反复，直到余数是0为止，最后的除数就是这两个数的最大公约数。

步骤一：用30除以18，商1余12。

步骤二：用18除以12，商1余6。

步骤三：用12除以6，商2余0。

步骤四：除数6就是18和30的最大公约数。

3）计算机科学领域内的算法

计算机科学领域内的算法是指运用计算机求解某一问题的方法，其算法执行者是计算机。为了让计算机理解算法中的步骤，需要用计算机理解的语言来描述算法，这个过程就称为计算机程序设计，即编程。

【例2.3】 编程计算两个正整数 m 和 n 的最大公约数。

程序如图2.1所示。

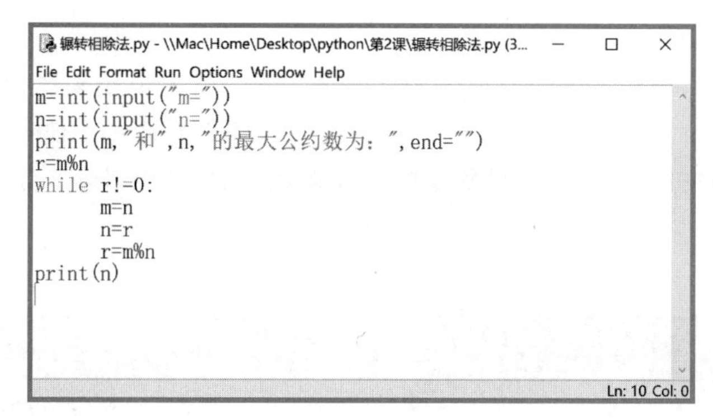

图 2.1

【运行结果】

```
m = 18
n = 30
18 和 30 的最大公约数为：6
```

【说明】 通常可以将生活或数学领域内的算法转换成计算机可以理解的算法，从而帮助人们解决实际问题。如在例2.3中，我们将“辗转相除法”细化为计算机程序可以理解的算法，然后让计算机按照算法来求解。本书主要介绍的是计算机科学领域内的算法。

2. 算法的特征

(1) 可行性。算法中的每一条指令都能够被精确地执行。

(2) 确定性。算法中的每一条指令都必须有明确的含义，无二义性。

(3) 有限性。一个算法必须在执行有限步之后结束，且每一步都在有限的时间内完成。

(4) 输入/输出。一个算法有0个或多个输入，有1个或多个输出。也就是说，一个算法可以没有输入，但必须要有输出。

3. 算法的描述

描述一个算法的方法有很多,常见的有自然语言、流程图、伪代码等方式。

1)用自然语言描述算法

自然语言是人们进行日常交流时所使用的语言。用自然语言描述算法通俗易懂、自然明了,这是其优点。但这也存在明显的缺点,如自然语言容易产生歧义,这也将导致算法执行的不确定性,或者当一个算法中含有较多的分支、循环等结构语句时,使用自然语言将很难清楚地描述算法。

【例 2.4】 给定一个正数 r,求以这个数为半径的圆的面积 s。

用自然语言描述算法如下。

第一步,输入一个正数 r。

第二步,用公式法计算圆面积 $s=\pi r^2$。

第三步,输出圆面积 s。

2)用流程图描述算法

流程图是使用一组特定的图形符号加上简明扼要的文字说明来描述算法的图,即用图的形式表示算法,这样的图称为流程图。在流程图中,用带有箭头的流程线表示执行的先后顺序。使用流程图描述算法,可以使算法的流程直观简洁、结构清晰。流程图的基本图形及其含义如表 2.1 所示。

表 2.1

符号	名称	含义
圆角矩形	开始/结束	表示流程的开始或结束
平行四边形	输入框/输出框	表示数据的输入或输出
矩形	具体语句	表示流程中单独的一个步骤
菱形	条件判断框	表示流程中的具体条件判断
→ ← ↓↑	流程线	表示流程执行的流向

【例 2.5】 用流程图描述例 2.4 的算法。

用流程图描述算法如图 2.2 所示。

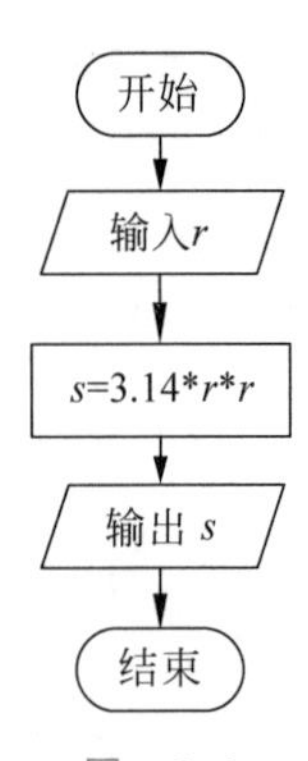

图 2.2

3)用伪代码描述算法

伪代码是用介于自然语言和计算机语言之间的文字和符号来描述算法的工具。它不用图形符号,书写方便,易于理解。关于伪代码的使用,目前还没有统一、严格的语法标准,只要定义合理、表达正确即可。

【例 2.6】 用伪代码描述例 2.4 的算法。

用伪代码描述算法如下。

```
input r
s = 3.14 * r * r
print s
```

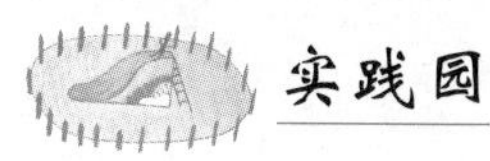

实践园

(1) 什么是算法?

(2) 算法有哪些特征?

(3) 算法有哪些描述方式?

PYTHON 第3课　算法的基本结构

熟知算法的三大基本结构。

算法(或程序)一般可以表示成三种基本结构:顺序结构、选择结构、循环结构。

1. 顺序结构

顺序结构是最简单的程序结构。顺序结构的程序自上而下,不遗漏、不重复地顺序执行每一条语句,直到程序结束。顺序结构的流程图如图 3.1 所示。

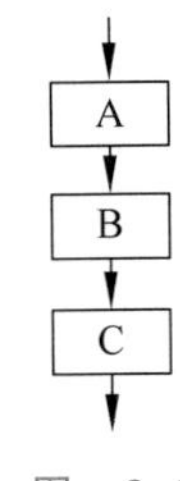

图　3.1

【例 3.1】　给定一个正数 r,求以这个数为半径的圆的周长 c。

程序如图 3.2 所示。

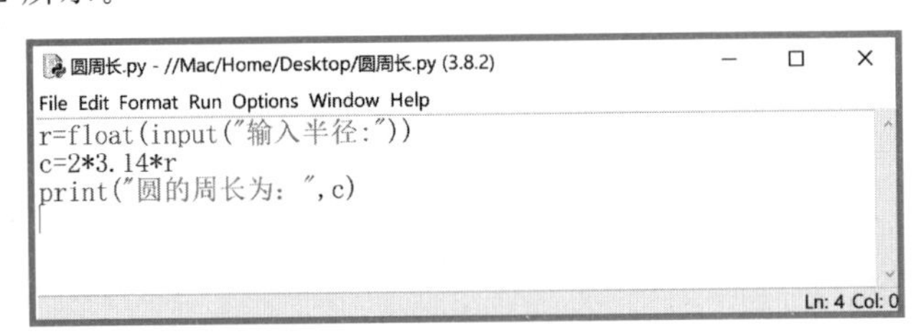

图　3.2

【运行结果】

```
输入半径: 4.5
圆的周长为: 28.26
```

2. 选择结构

选择结构也称分支结构，用于判断给定的条件，根据判断结果的成立与否，选择不同的分支路径。选择结构分为单分支结构、双分支结构和多分支结构，其流程图分别如图 3.3、图 3.4 和图 3.5 所示。

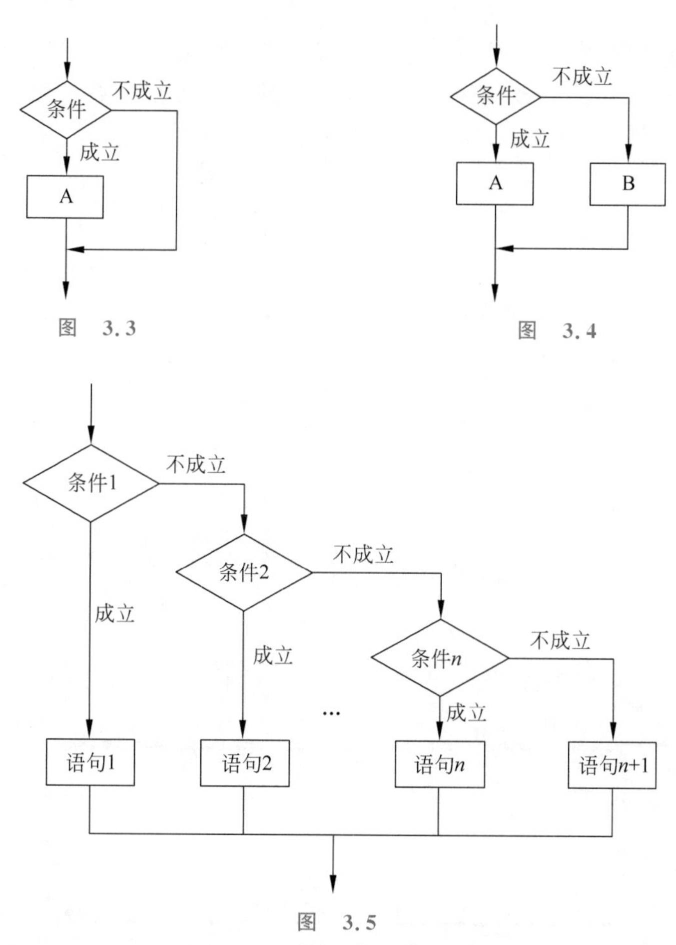

图 3.3

图 3.4

图 3.5

【例 3.2】 给定一位学生的成绩 score，判断成绩是否合格(成绩大于等于 60 分的为合格，小于 60 分的为不合格)。

程序如图 3.6 所示。

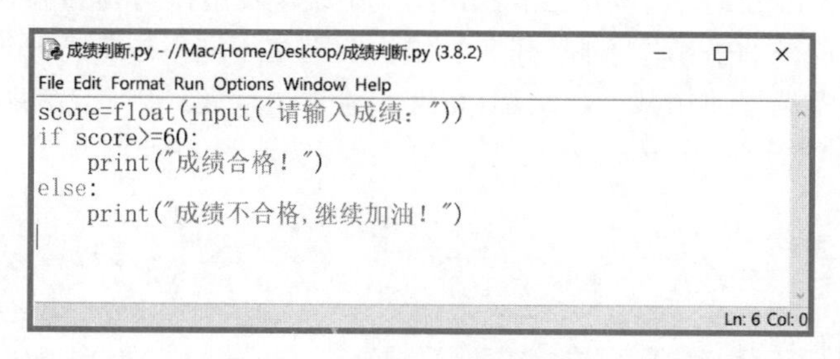

成绩判断.py - //Mac/Home/Desktop/成绩判断.py (3.8.2)

File Edit Format Run Options Window Help

```
score=float(input("请输入成绩："))
if score>=60:
    print("成绩合格！")
else:
    print("成绩不合格，继续加油！")
```

Ln: 6 Col: 0

图 3.6

【运行结果】

```
请输入成绩：90.5
成绩合格!
```

3. 循环结构

循环结构又称重复结构，是指在程序中需要反复执行某一条或某一组语句的一种程序结构，其中“某一条或某一组语句”称为循环体。循环结构一般有两种类型：当型循环和直到型循环，其流程图分别如图 3.7 和图 3.8 所示。

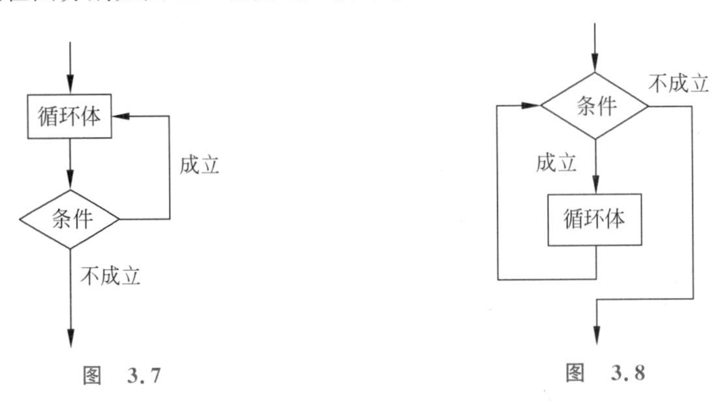

图 3.7　　　　图 3.8

【例 3.3】 给定任意字符串 ch，输出 10 个由字符串 ch 组成的新字符串。

程序如图 3.9 所示。

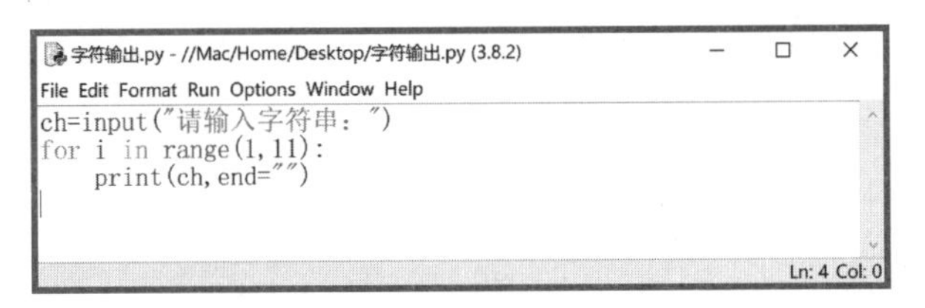

图 3.9

【运行结果】

```
请输入成绩：:-)
:-):-):-):-):-):-):-):-):-):-)
```

例 3.1、例 3.2 和例 3.3 的算法结构分别是顺序结构、选择结构和循环结构。但在现实问题中，往往由于问题的复杂性不同，其算法结构会随之不同。通常情况下，问题越复杂，算法就越复杂，如果单纯地使用某一种结构，可能很难解决问题。因此，在解决实际问题时，常常需要根据问题的复杂性，而选择一种或嵌套多种结构来解决问题。

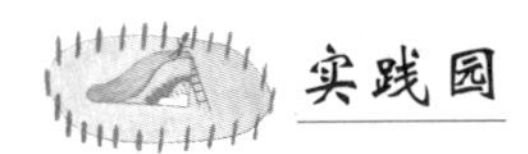

实践园

算法的三大基本结构分别是什么？

PYTHON 第 4 课　问题求解的步骤

了解使用计算机求解问题的一般步骤。

使用计算机进行问题的求解，其步骤大致可分为分析问题、抽象建模、设计算法、编写程序、调试运行程序等，如图 4.1 所示。

抽象建模指的是抽取特定现实问题或具体实物对象的本质特征，舍去一些非本质属性或无关细节，再借助数学符号来描述解决问题的计算模型。

分析问题 → 抽象建模 → 设计算法 → 编写程序 → 调试运行程序

图　4.1

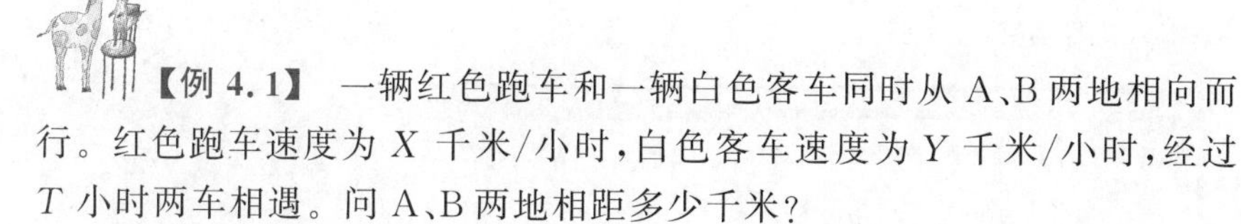

【例 4.1】　一辆红色跑车和一辆白色客车同时从 A、B 两地相向而行。红色跑车速度为 X 千米/小时，白色客车速度为 Y 千米/小时，经过 T 小时两车相遇。问 A、B 两地相距多少千米？

【分析问题】

根据题意，红色跑车速度为 X 千米/小时，白色客车速度为 Y 千米/小时，相遇时间为 T，求出 A、B 两地的距离。

【抽象建模】

根据以上问题分析，可将问题抽象成两地相距问题，而两地相距的数量关系为：两地距离＝速度和×相遇时间。假设两地距离为 S，速度分别为 X 和 Y，相遇时间为 T。

注意： 这里仅抽取了数量特征，舍去了车子的颜色、类型等无关细节特征。

根据以上问题抽象，可建立计算模型如下。

$$S=(X+Y)\times T$$

假设有一组数据：$X=60, Y=40, T=2$。就可以很容易地求出 A、B 两地相距 200 千米。

【设计算法】

在抽象建模的基础上，给出问题求解的详细方法和步骤，这一过程称为设计算法。

对于任何的数据处理，一般要经历如下三个步骤。

第一步，输入数据。

第二步，处理数据。

第三步，输出结果。

假设对于例 4.1，我们给出 N 组不同数据 X_i、Y_i、T_i 的值，要求分别求出对应的 A、B 两地距离。

处理数据时，根据抽象后的计算模型依次对每组数据 X_i、Y_i、T_i 进行处理。由于每组处理数据的规律是相同的，所以可以采用循环结构来解决问题，每执行一遍循环体就处理一组数据。基于以上分析可以设计算法如下。

（1）输入多组数据的数量 N。

（2）i 表示多组数据的变量，初始值为 1。

（3）当 $i \leqslant N$ 时，执行步骤(4)、(5)，否则执行步骤(6)。

（4）输入一组数据 X_i、Y_i、T_i。

（5）计算模型：$(X+Y)\times T$，得到一组数据对应的 A、B 两地距离 S，并输出 S。

（6）结束。

可以将上述算法设计使用流程图的方式呈现，如图 4.2 所示。

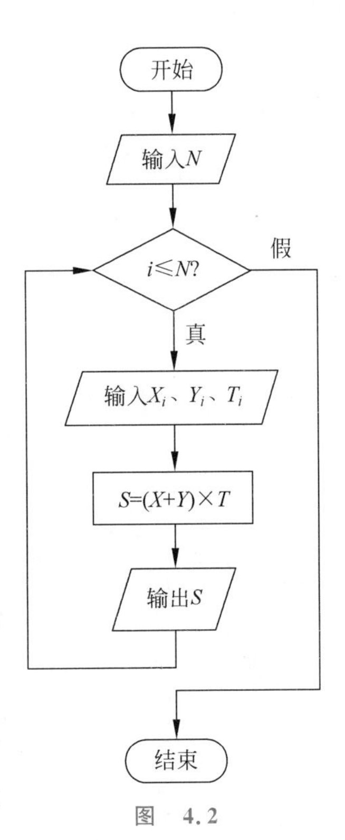

图 4.2

【编写程序】

有了清晰可见的算法设计后，就可以选择一种计算机语言来编写程序，实现算法。这里选择用 Python 语言编写求两地距离的程序，程序如图 4.3 所示。

两地相距问题.py - \\Mac\Home\Desktop\python\第4课\两地相距问题....

File Edit Format Run Options Window Help

```
i=1
N=int(input("请输入多组数据的数量: "))
print("\n")
while i<=N:
    X=int(input("红色跑车的速度为: "))
    Y=int(input("白色客车的速度为: "))
    T=float(input("相遇时间为: "))
    S=(X+Y)*T
    print("两地相距: ",S)
    print("\n")
    i+=1
```

Ln: 12 Col: 0

图 4.3

【调试运行程序】

通过运行程序来检测程序是否能按照预设的效果执行，这一过程称为程序的调试运行。计算机只能识别编程语言中所规定的语法规则，如果编写程序时与其语法规则不一致，将导致程序无法正常运行或输出错误的结果。此时，我们需要对程序进行调试，直到程序运行成功为止。

【运行结果】

以上程序的运行结果如下。

```
请输入多组数据的数量: 2

红色跑车的速度为: 65
白色客车的速度为: 35
相遇时间为: 2.5
两地相距: 250.0

红色跑车的速度为: 60
白色客车的速度为: 45
相遇时间为: 3
两地相距: 315.0
```

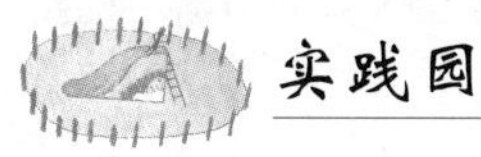

实践园

请说一说，使用计算机求解问题一般需要经历哪几个步骤？

Chapter 2

第2章

Python编程基础

Python是一种面向对象、解释型、动态类型的计算机程序设计语言。它是由荷兰数学和计算机科学研究学会的 Guido van Rossum 于20世纪90年代初设计的一款编程语言。Python之所以能成为当今社会较受欢迎的编程语言之一，其中一个很重要的原因就是Python简单易学，这也让小学生学习编程成为可能。目前使用的Python版本主要有两大类：Python 2.x的版本和Python 3.x的版本。本书使用的版本是Python 3.8.2。

本章将介绍Python的编程环境、基本数据类型、常量和变量、运算符与表达式。

PYTHON 第 5 课　Python 编程环境

（1）学会下载 Python 安装包并安装。

（2）熟悉 Python 编程语言环境。

Python 编程环境

在正式学习 Python 语言之前，必须先在计算机上搭建 Python 语言环境，本书使用 Python 3.8.2 版本来完成 Python 程序的编写、运行和调试。

1. 下载与安装

（1）获取 Python 安装包，如图 5.1 所示。

我们可以到 Python 官方网站（https://www.python.org）的 Downloads 选项卡下载对应操作系统的 Python 软件安装包。

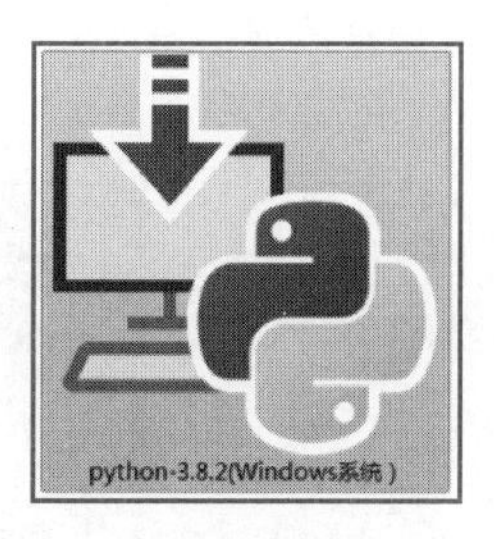

图　5.1

（2）双击安装包进行安装，如图 5.2 所示。

首先勾选 Add Python 3.8 to PATH 复选框，然后单击 Install Now 进行安装，安装过程如图 5.3 所示。

（3）安装完成后，单击 Close 按钮完成安装，如图 5.4 所示。

（4）创建 IDLE 桌面快捷方式，如图 5.5 所示。

IDLE 是 Python 程序自带的集成开发环境，可用于程序的编辑。为了方便起见，我们可以创建 IDLE 桌面快捷方式：首先在“开始”菜单的“搜索程序和文件”框中输入 Python，然后右击 IDLE（Python 3.8 32-bit）并指向“发送到（N）”，再单击“桌面快捷方式”，完成 IDLE 桌面快捷方式的创建。

Python 3.8.2 (32-bit) Setup
Install Python 3.8.2 (32-bit)
Select Install Now to install Python with default settings, or choose
Customize to enable or disable features.
Install Now
C:\Users\mac\AppData\Local\Programs\Python\Python38-32
Includes IDLE, pip and documentation
Creates shortcuts and file associations
Customize installation
Choose location and features
python for windows
Install launcher for all users (recommended)
Add Python 3.8 to PATH
Cancel

图 5.2

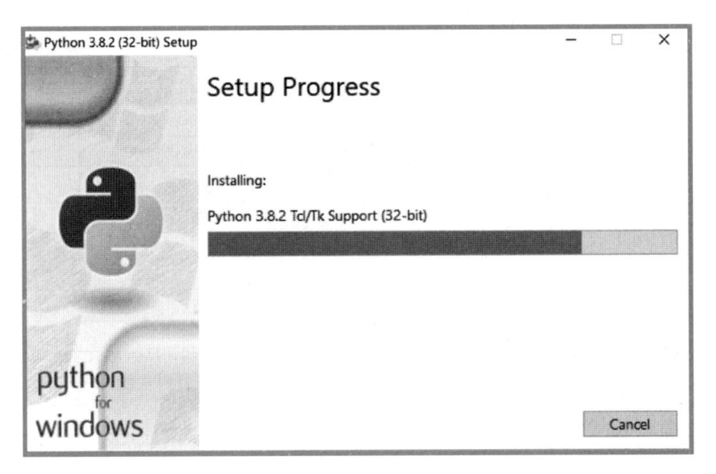
Python 3.8.2 (32-bit) Setup
Setup Progress
Installing:
Python 3.8.2 Tcl/Tk Support (32-bit)
python for windows
Cancel

图 5.3

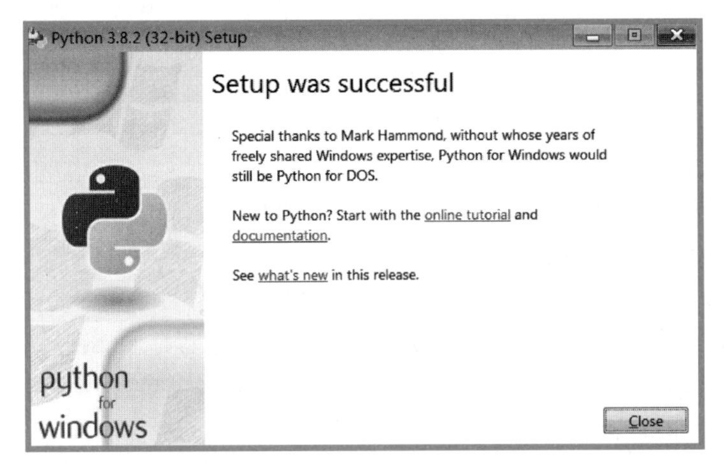
Python 3.8.2 (32-bit) Setup
Setup was successful
Special thanks to Mark Hammond, without whose years of
freely shared Windows expertise, Python for Windows would
still be Python for DOS.
New to Python? Start with the online tutorial and
documentation.
See what's new in this release.
python for windows
Close

图 5.4

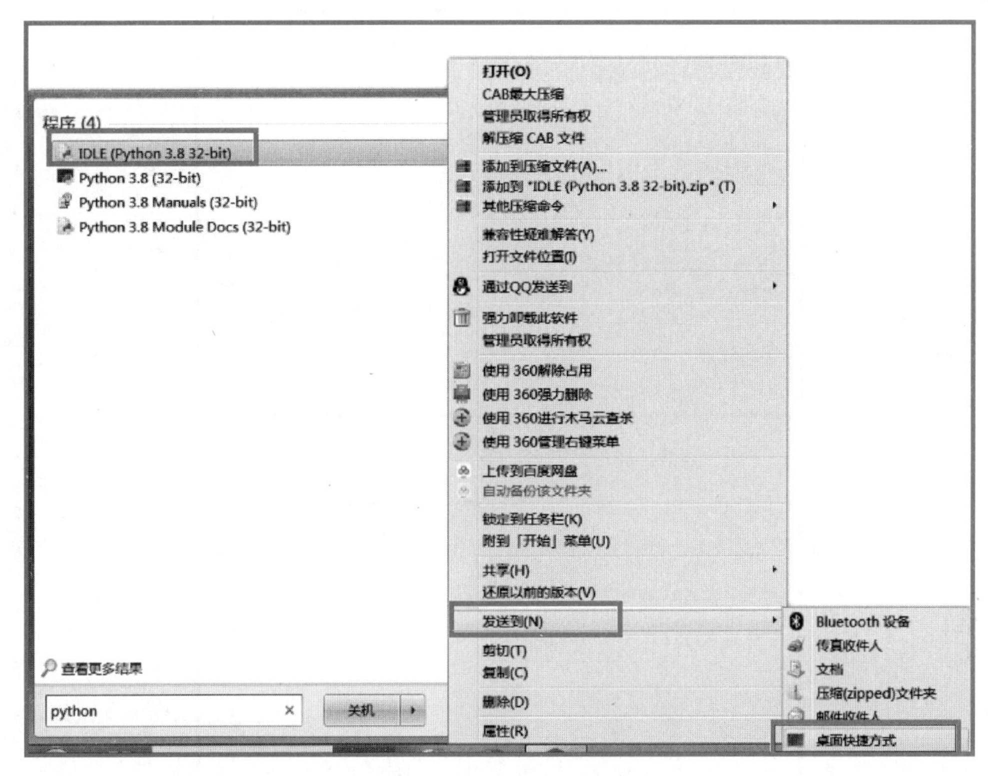

图 5.5

2. 认识 Python 编程环境

1）解释器操作界面

双击 IDLE 桌面快捷图标，打开 IDLE，出现的是交互式解释器操作界面 Python Shell。直接在 Python Shell 中的提示符“>>>”后输入程序代码，然后按回车键，就可以直接在界面中得到运行结果，如图 5.6 所示。

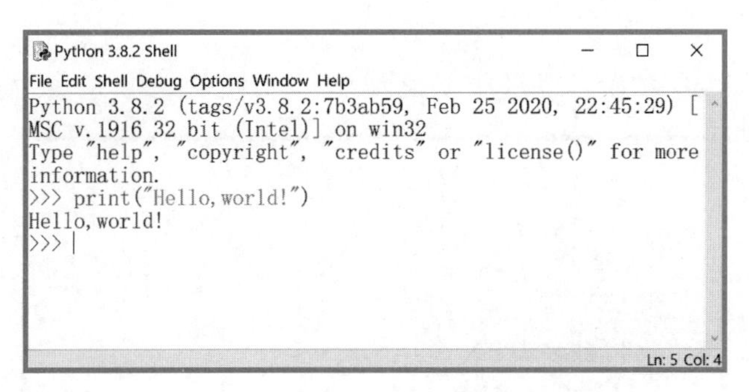

图 5.6

2）编辑器操作界面

除了 Python Shell 之外，IDLE 还带有一个编辑器用来编辑程序。通过 Python Shell 界面，选择菜单命令 File→New File，或者使用快捷方式，按组合键 Ctrl+N 新建文件，打开程序编辑器，并在编辑器中输入程序代码，如图 5.7 和图 5.8 所示。

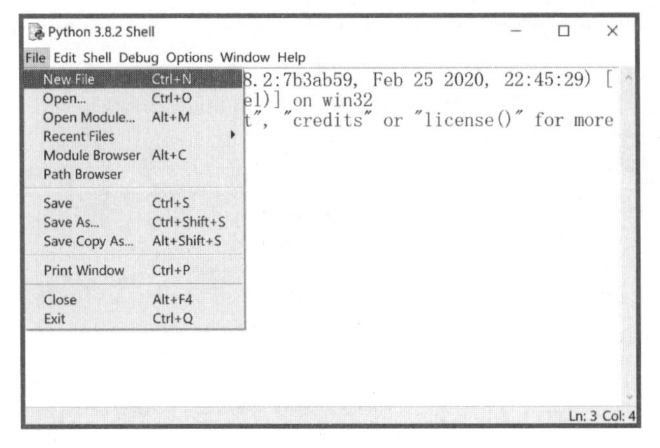

图 5.7

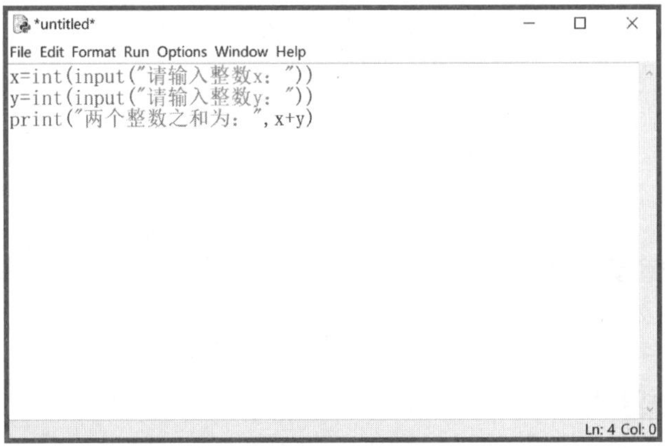

```
*untitled*
File Edit Format Run Options Window Help
x=int(input("请输入整数x: "))
y=int(input("请输入整数y: "))
print("两个整数之和为: ",x+y)
Ln: 4 Col: 0
```

图 5.8

程序代码输入后，首先，对文件进行保存：选择菜单命令 File→Save，或者使用快捷方式，按组合键 Ctrl+S 保存文件，如图 5.9 所示。在弹出的“另存为”对话框中选择保存路径，并输入文件名“两个整数之和”，单击“保存”按钮，如图 5.10 所示。保存后，文件名标题栏从未命名“ * untitled * ”变为“两个整数之和. Py”，如图 5.11 所示。

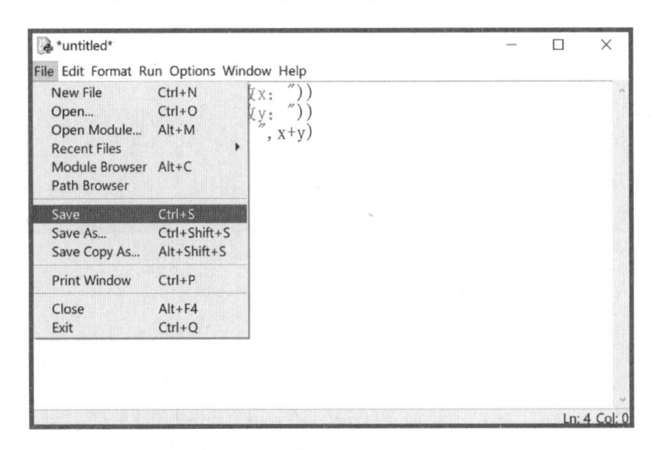

图 5.9

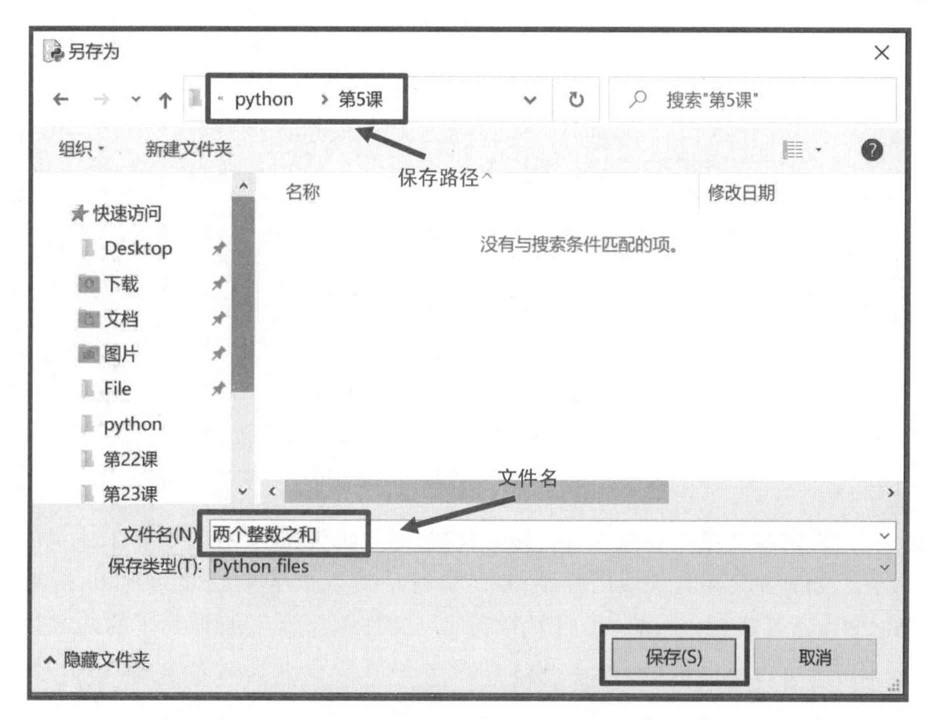

图 5.10

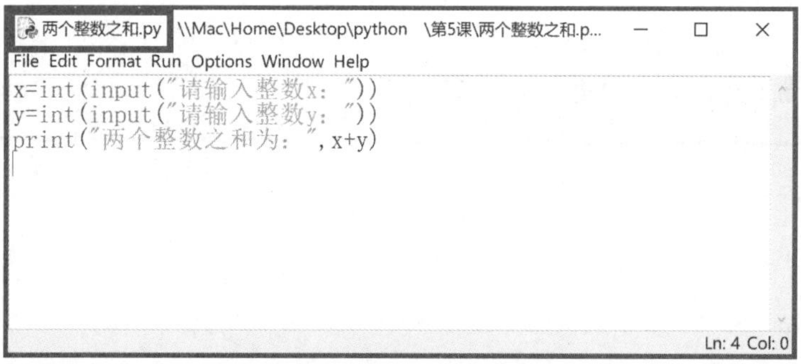

两个整数之和.py \\Mac\Home\Desktop\python \第5课\两个整数之和.p...

File Edit Format Run Options Window Help

```
x=int(input("请输入整数x: "))
y=int(input("请输入整数y: "))
print("两个整数之和为: ",x+y)
```

Ln: 4 Col: 0

图 5.11

然后，选择菜单命令 Run→Run Module，或者按 F5 键运行程序，如图 5.12 所示。

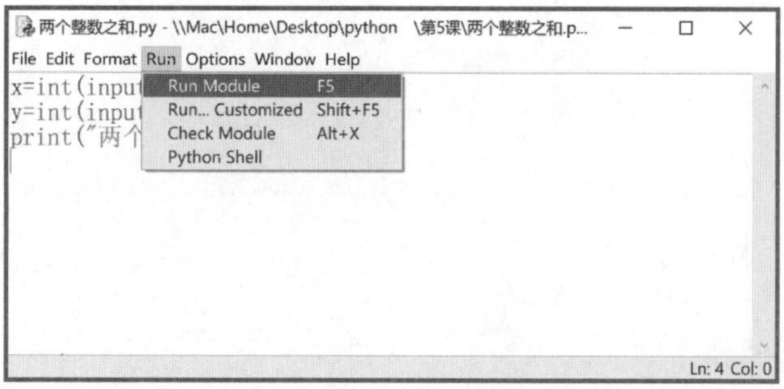

两个整数之和.py - \\Mac\Home\Desktop\python \第5课\两个整数之和.p...

File Edit Format Run Options Window Help

Run Module F5
Run... Customized Shift+F5
Check Module Alt+X
Python Shell

Ln: 4 Col: 0

图 5.12

最后，得到“两个整数之和”Python 程序的运行结果，如图 5.13 所示。

```
Python 3.8.2 Shell
File Edit Shell Debug Options Window Help
Python 3.8.2 (tags/v3.8.2:7b3ab59, Feb 25 2020, 22:45:29) [
MSC v.1916 32 bit (Intel)] on win32
Type "help", "copyright", "credits" or "license()" for more
information.
>>>
=============== RESTART: \\Mac\Home\Desktop\python  \第5课\
两个整数之和.py ==============
请输入整数x: 5
请输入整数y: 15
两个整数之和为:  20
>>>
                                                Ln: 8 Col: 4
```

图 5.13

【说明】 在解释器操作界面中直接输入代码，即可得到运行结果，但是不能对程序进行修改和保存。如果需要编写大段的程序，并期望做好保存，以便日后反复使用，就需要使用 IDLE 提供的编辑器功能。因此，我们要养成使用文件编辑器来编辑程序的好习惯。值得注意的是在 Python 中，所有的命令和标点符号都需要在英文状态下输入，否则程序会报错。

实践园

请写出启动 IDLE 文件编辑器的操作步骤。

PYTHON 第 6 课　基本数据类型

熟知 Python 中常见的基本数据类型。

基本数据类型

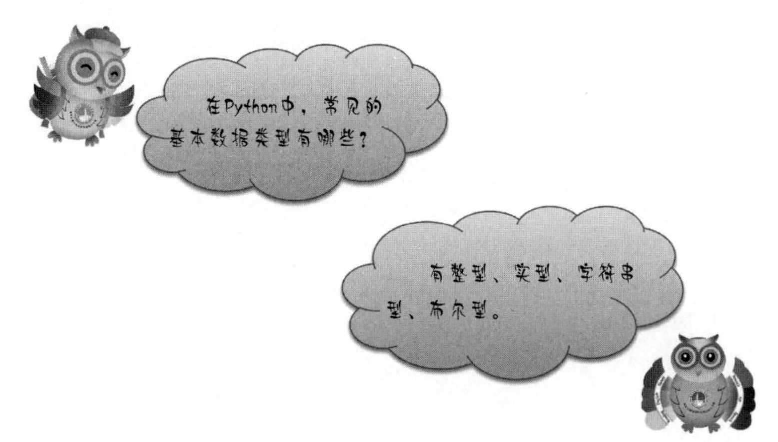

Python 中常见的基本数据类型如表 6.1 所示。

表 6.1

数据类型	说明
整型	与数学上整数的意义相同。如－100、0、30 等
实型	又称浮点型，通常有一般表示法和科学记数法两种。 一般表示法就是常用的小数形式的表示方法，如 3.1415926、0.5 等。 科学记数法就是把一个数表示成 a 与 10 的 n 次幂相乘的形式（其中 $1<\|a\|<10$，n 为整数），如 $1200000000.0=1.2\times10^9$，在计算机中使用 e 或 E 表示 10 的幂，如 1.2e9 或 1.2E9 表示 1.2×10^9；又如 5.67e－6 表示 $5.67\times10^{-6}=0.00000567$
字符串型	用单引号、双引号或三引号括起来的数据。如'why'、"小学生 Python 编程入门"、'''****'''等
布尔型	布尔型数据只有两种值：“真”和“假”，分别用 True 和 False 代表真和假。如 print(5<2)，其结果为 False

【例 6.1】　基本数据类型示例如图 6.1 所示。

```
Python 3.8.2 Shell
File Edit Shell Debug Options Window Help
Python 3.8.2 (tags/v3.8.2:7b3ab59, Feb 25 2020, 22:45:29) [
MSC v.1916 32 bit (Intel)] on win32
Type "help", "copyright", "credits" or "license()" for more
information.
>>> 35+65
100
>>> 4.5+8.9
13.4
>>> 12e9
12000000000.0
>>> 5<2
False
>>> "Rome wasn't built in a day."
"Rome wasn't built in a day."
>>> |
Ln: 13 Col: 4
```

图 6.1

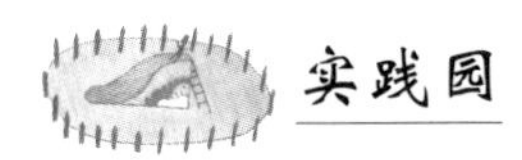

实践园

请写出几种常见的基本数据类型。

PYTHON 第 7 课　常量和变量

(1) 理解常量、变量的含义及其应用。

(2) 理解赋值语句的含义及其应用。

1. 常量

常量是指在程序运行过程中，其值保持不变的量，如 100、3.14、False、'Python'等都是常量。除此之外，还可以使用一个符号来表示一个固定的常量值，我们称之为符号常量，如 math 模块中的圆周率 pi、自然对数的底数 e 等。

2. 变量

变量是指在程序运行过程中，其值可以改变的量。在程序设计中，一般是通过变量名来访问变量。如 x=2，其中 x 为变量名。

在 Python 中，变量名的命名规则如下。

(1) 变量名中只能包含字母、数字和下画线，并且开头只能是字母或下画线。

(2) 变量名是区分大小写的，如 A 和 a 表示两个不同的变量名。

(3) 变量名要尽量做到“见名知义”，一般可以使用英文单词或单词缩写等作为变量名。

【说明】 由于 Python 是动态类型的语言，因此无须预先定义变量的数据类型。也就是说，可以直接对变量进行赋值，然后根据所赋值来确定其数据类型，如 y=2.35，可得知 y 是浮点型变量。

3. 赋值语句

在编程中，“=”是赋值运算符(非数学中的等号)，可以通过赋值语句来修改变量的值。

赋值语句的一般格式如下。

```
变量名 = 值或表达式
```

例如：

```
z = "Python,I'm coming!"  #表示将字符串"Python,I'm coming!"赋值给变量 z
```

【例 7.1】 变量、赋值语句示例如图 7.1 所示。

```
Python 3.8.2 Shell
File Edit Shell Debug Options Window Help
Python 3.8.2 (tags/v3.8.2:7b3ab59, Feb 25 2020, 22:45:29) [
MSC v.1916 32 bit (Intel)] on win32
Type "help", "copyright", "credits" or "license()" for more
information.
>>> a=3*5
>>> a
15
>>> b=2.0
>>> a*b
30.0
>>> z="Python,I'm coming!"
>>> z
"Python,I'm coming!"
>>>
Ln: 12 Col: 4
```

图 7.1

实践园

(1) 请说一说变量名的命名规则。

(2) 下面合法的变量名是(　　)。

A. #sum123　　B. 2abc　　C. school_name　　D. a(x)

PYTHON 第8课 运算符与表达式

(1) 掌握常用的运算符。

(2) 理解并掌握各类表达式的含义。

(3) 了解常用运算符的优先级。

运算符与表达式

在程序设计过程中对变量或常量进行运算或处理的符号称为运算符，参与运算的量称为操作数。

在 Python 编程中，常见的运算符有算术运算符、关系运算符、逻辑运算符、赋值运算符、成员运算符、身份运算符等。由运算符和操作数连接起来的式子称为表达式。

1. 算术运算符与算术表达式

算术运算符用于数值运算，包括加(+)、减(-)、乘(*)、除(/)、求余(%)、整除(//)、幂运算(**)七种。由算术运算符连接的表达式称为算术表达式，如表 8.1 所示。

表 8.1

运 算 符	表 达 式	说　明	示　例
+	x+y	求 x 与 y 的和	>>> 3+5 8
-	x-y	求 x 与 y 的差	>>> 10-3 7
*	x*y	求 x 与 y 的乘积	>>> 4*6 24
/	x/y	求 x 除以 y 的实数值	>>> 5/2 2.5

续表

运 算 符	表 达 式	说 明	示 例
%	x%y	求 x 与 y 的余数	>>> 10%3 1
//	x//y	求 x 与 y 的商	>>> 13//3 4
**	x ** y	求 x 的 y 次幂	>>> 2 ** 3 8

2. 关系运算符与关系表达式

关系运算符用于数值的大小比较，包括大于（＞）、小于（＜）、等于（＝＝）、大于等于（＞＝）、小于等于（＜＝）、不等于（！＝）六种。由关系运算符连接的表达式称为关系表达式。关系运算符的结果是布尔类型，其值只有两种：True（真）或 False（假）。True 表示关系成立，False 表示关系不成立，如表 8.2 所示。

表 8.2

运 算 符	表 达 式	说 明	示 例
>	x>y	x 大于 y	>>> 10>3 True
<	x<y	x 小于 y	>>> 10<3 False
==	x==y	x 等于 y	>>> 10==3 False
>=	x>=y	x 大于等于 y	>>> 10>=3 True
<=	x<=y	x 小于等于 y	>>> 10<=3 False
!=	x!=y	x 不等于 y	>>> 10!=3 True

3. 逻辑运算符与逻辑表达式

逻辑运算符用于表达式的逻辑操作，包括与运算（and）、或运算（or）、非运算（not）三种。由逻辑运算符连接的表达式称为逻辑表达式。同关系运算的值一样，逻辑运算的值也只有 True 和 False 两种，如表 8.3 所示。

表 8.3

运算符	表达式	说 明	示 例
and	A and B	参与运算的两个量 A 和 B 都为真时，结果才为真；否则为假	>>> 5>2 and 10<3 False
or	A or B	参与运算的两个量 A 和 B 只要有一个为真，结果就为真；两个都为假时，结果才为假	>>> 5>2 or 10<3 True
not	not A	参与运算的量 A 为真时，结果为假；参与运算的量为假时，结果为真	>>> not 5>2 False

4. 赋值运算符与赋值语句

赋值运算符用于对变量进行赋值,包括简单赋值(=)和复合赋值(+=、-=、*=、/=、%=)两种,如表 8.4 所示。

表 8.4

运算符	赋值语句	含义	说明
=	x=y	将 y 赋值给 x	—
+=	x+=y	x=x+y	将 x 与 y 的和赋值给 x
-=	x-=y	x=x-y	将 x 与 y 的差赋值给 x
*=	x*=y	x=x*y	将 x 与 y 的积赋值给 x
/=	x/=y	x=x/y	将 x 除以 y 的结果赋值给 x
%=	x%=y	x=x%y	将 x 除以 y 的余数赋值给 x
//=	x//=y	x=x//y	将 x 与 y 的商赋值给 x
**=	x**=y	x=x**y	将 x 的 y 次幂的结果赋值给 x

1) 简单赋值

简单赋值的一般格式如下。

```
变量名 = 表达式
```

注意:赋值号不是等号,它具有方向性:由右→左,且左边只能是变量名。

2) 复合赋值

在赋值号"="之前加上其他算术运算符就可以构成复合赋值。

5. 成员运算符与表达式

成员运算符用于判断一个值是否包含在指定的序列中,包括 in 和 not in 两种,成员运算的值只有 True 和 False 两种,如表 8.5 所示。

表 8.5

运算符	表达式	含义	示例
in	x in y	如果 x 在指定序列 y 中,结果为真;否则为假	>>> 2 in [1,2,3,4,5] True
not in	x not in y	如果 x 不在指定序列 y 中,结果为真;否则为假	>>> "o" not in "happy" True

6. 身份运算符与表达式

身份运算符用于比较两个对象是否是同一个对象,包括 is 和 is not 两种,身份运算的值只有 True 和 False 两种,如表 8.6 所示。

表 8.6

运算符	表达式	含 义	示 例

is	x is y	如果 x 和 y 指向同一个对象,结果为真;否则为假	>>> a=True
			>>> a is False
			False

is not	x is not y	如果 x 和 y 指向的不是同一个对象,结果为真;否则为假	>>> a=True
			>>> a is not False
			True

7. 运算符的优先级

一个表达式中可以有多个不同的运算符。不同运算符的优先级也不尽相同,优先级决定了运算的先后次序。

在 Python 中,常用运算符的优先级(从高到低)如表 8.7 所示。

表 8.7

优 先 级	运 算 符	功 能	说 明
1	**	幂运算,也称指数运算	算术运算符
2	* / % //	乘、除、求余、整除	
3	+ -	加、减	
4	> < >= <=	大于、小于、大于等于、小于等于	关系运算符
5	== !=	等于、不等于	
6	not	非运算	逻辑运算符
7	and	与运算	
8	or	或运算	
9	= += = *= /= %=	赋值运算	赋值运算符

对于运算符的优先级,仅需简单了解无须记忆,可在需要时使用括号来明确计算顺序。

实践园

在 Python 编程中,常见的运算符有哪几种?你能说一说它们的优先级是什么吗?

Chapter 3

第3章

问题求解中的顺序结构

计算机科学家 Boehm 和 Jacopini 已从数学方面证明，任何一个算法都可以用三种基本结构（顺序结构、选择结构、循环结构）表示。在程序设计过程中，人们常根据问题求解的需要，选择某种或嵌套多种基本结构来解决问题。本章主要介绍三大基本结构之一的顺序结构。顺序结构是最简单的程序结构，表示程序自上而下，不遗漏、不重复地顺序执行每一条语句，直到程序结束。

本章将介绍 Python 语言的基本输入和输出以及用顺序结构解决数位之和、鸡兔同笼问题。

PYTHON 第 9 课　Python 中的输入和输出

(1) 学会 input()函数和 print()函数的使用。

(2) 了解常用的 Python 函数以及转义字符。

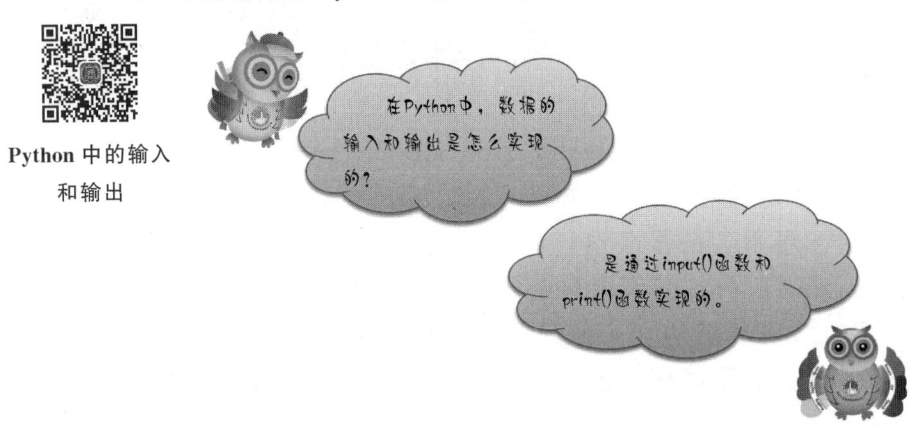

1. input()输入函数

input()函数的一般格式如下：

```
变量 = input("提示信息：")
```

【程序说明】 input()函数的返回值是字符串类型。如果需要输入不同数据类型，如整型(int)、浮点型(float)等，还需要配合相应的函数来转换成所需类型。

【例 9.1】 使用 input()函数进行数据的输入示例如图 9.1 所示。

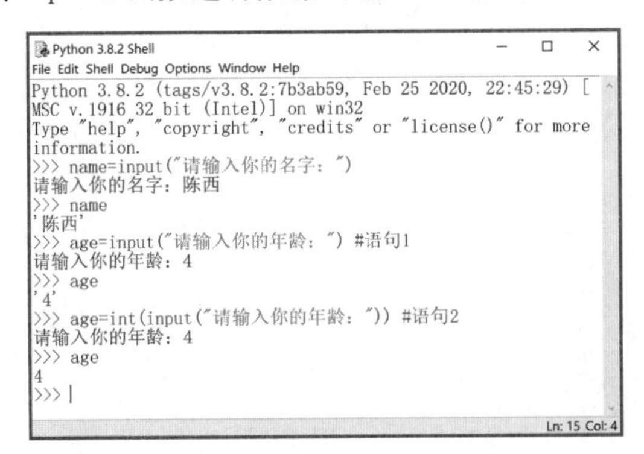

图　9.1

【程序说明】

在提示符“>>>”后输入：

```
name = input("请输入你的名字：")
```

按回车键后将在下一行出现提示语：“请输入你的名字：”，输入姓名“陈西”，并按回车键完成给变量 name 赋值，然后输入 name 查看变量内容：

```
>>> name
'陈西'
```

同样的方法，语句 1 中给变量 age 第 1 次赋值为 4，从结果可以看出 age 为字符'4'(非数字 4)，这是由于 input()函数的返回值为字符串类型。当期待输入整型数据时，通常可以使用 int()函数(详见表 9.2)将字符串结果转换成整型数据，如程序(图 9.1)中的语句 2。

2. print()输出函数

1) print()函数的一般格式

```
print(输出列表,sep = "分隔符",end = "结束符")
```

【说明】

(1) 输出列表可以是一项或多项，如果是多项，则每项之间以逗号分隔开。输出列表可以是常量、变量、字符串或表达式等。

(2) sep 参数指定输出项之间的分隔符，如 sep＝"＊"，表示输出项之间以“＊”分隔开。此项可以省略，默认分隔符为空格。

(3) end 参数指定输出列表的结束符，如 end＝"。"表示最后输出项以“。”结束。此项可以省略，默认结束符为换行符\n(详见表 9.3)。

【例 9.2】 使用 input()函数和 print()函数进行数据的输入与输出示例如图 9.2 所示。

```
例9.2.py - \\Mac\Home\Desktop\python\第9课\例9.2.py (3.8.2)
File Edit Format Run Options Window Help
name=input("请输入你的名字：")
age=int(input("请你输入你的年龄:"))
height=float(input("请你输入你的身高（cm）："))
hobby=input("请输入你的爱好：")
print("name",name,sep=":",end=" ")  #以冒号隔开，以空格结尾
print("age",age,sep=":",end=" ")
print("height",height,sep=":")  #以冒号隔开，以换行结尾
print("hobby:",hobby)  #分隔符和结束符分别默认为空格和换行

Ln: 9 Col: 0
```

图 9.2

【运行结果】

```
请输入你的名字：陈西
请输入你的年龄：4
```

```
请你输入你的身高(cm): 112
请输入你的爱好: reading
name:陈西 age:4 height:112.0
hobby: reading
```

【程序说明】

程序中变量 height 接收到的是一个浮点型数据，使用 float()函数(详见表 9.2)将输入的字符串数据转换成浮点型数据，并赋值给变量 height。# 表示为程序作注释，注释行不参与程序运行。

2) print()函数的格式化输出

在输出数据时，人们时常会期望数据能按指定的格式进行输出，如要求按八进制输出一个整数或输出的小数只保留小数点后两位等，此时就可以通过格式化输出来实现。Python 中常见的格式化输出如表 9.1 所示。

表 9.1

格式化字符	含　义	示　例
%o	按八进制输出	>>> print("%o"%20) 24
%d	按十进制输出	>>> print("%d"%20) 20
%x	按十六进制输出	>>> print("%x"%20) 14

%f	按浮点型数据输出
	(默认保留 6 位小数)
		>>> print("%f"%3.1415926)
		3.141593
		>>> print("%.3f"%3.1415926)
		3.142

%e	按科学计数法输出 (默认保留 6 位小数)	>>> print("%.2e"%31415) 3.14e+04

%g	按小数或科学计数法输出	>>> print("%.2g"%2.31)
		2.3
		>>> print("%.2g"%1200005)
		1.2e+06

%s	按字符串输出	>>> print("%s"%"Hello Python") Hello Python

3. Python 常用函数

Python 语言提供了许多函数，在编写程序时可以直接调用这些函数实现指定的功能。这些函数的存在极大地提升了程序的阅读和执行效率。Python 中常用的函数如表 9.2 所示。

表 9.2

函 数	含 义	示 例

input()	从标准输入设备(一般指键盘)上输入数据	>>> ch=input("请输入任意字符:")
		请输入任意字符:@
		>>> ch
		'@'

print()	输出函数	>>> x=2
		>>> print(x)
		2

abs(x)	返回 x 的绝对值	>>> abs(-5) 5
divmod(x,y)	返回 x 除以 y 的商和余数	>>> divmod(10,3) (3, 1)
pow()	pow(x,y)返回 x 的 y 次幂,即返回 x ** y 的值	>>> pow(2,3) 8
	pow(x,y,z)返回(x ** y)%z 的值	>>> pow(2,3,3) 2
round()	round(x)返回 x 的四舍五入值	>>> round(10/3) 3
	round(x,n)返回舍入到小数点后 n 位的数	>>> round(10/3,3) 3.333
min(x_1,x_2,x_3,…,x_n)	返回序列中的最小值	>>> min(2,4,6,1,3) 1
max(x_1,x_2,x_3,…,x_n)	返回序列中的最大值	>>> max(4,8,3,5,7) 8
int(x)	将 x 转换成整型数据	>>> int(3.5) 3
float(x)	将 x 转换成浮点型数据	>>> float(3) 3.0

len(x)	返回序列的长度	>>> x='abcd'
		>>> len(x)
		4

4. Python 转义字符

在程序设计过程中,时常需要输出一些特殊字符,如输出“换行”“响声”“回车”等,像这样的字符,我们可以用转义字符来实现。Python 中常见的转义字符如表 9.3 所示。

表 9.3

转义字符	含 义	示 例

\ （在行尾空格+“\”）	续行符	>>> x="abc" \
		 "ijk" \
		 "xyz"
		 >>> x
		 'abcijkxyz'

\\	输出反斜杠	>>> print("\\") \
\'	输出单引号	>>> print("\'") '
\"	输出双引号	>>> print("\"") "
\n	输出换行	—
\t	输出制表符	—
\r	输出回车	—
\b	输出退格	—
\f	输出换页	—
\a	输出响声	—
\000	输出空字符	—

实践园

（1）请说一说 input()函数所输入的数据是什么数据类型？

（2）使用什么函数可以将 input()函数输入的数据强制转换成浮点型数据？

（3）print("\n")表示什么含义？

PYTHON 第 10 课 数位之和

掌握顺序结构之数位之和的求解。

数位之和

【例 10.1】 输入一个三位数，求出该数百位、十位、个位上的三个数之和。

【分析问题】

根据题意，首先依次计算出三位数的百位、十位、个位上的数分别是多少，然后将得到的三个数相加求出和。

【抽象建模】

根据以上问题分析，可将问题抽象成数学符号，假设这个三位数为 x，数 x 百位、十位、个位上的数分别是 a、b、c，和为 sum。

根据以上问题抽象，可建立计算模型如下。

$a=x//100$

$b=(x//10)\%10$

$c=x\%10$

$\mathrm{sum}=a+b+c$

注意：由于数学中没有对应的整除、取余符号，因此，为方便起见，此处计算模型中使用的是 Python 的整除符号(//)和取余符号(%)。

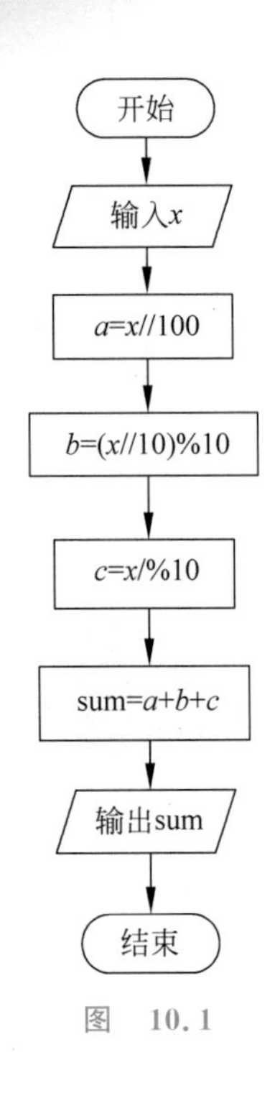

图 10.1

【设计算法】

根据以上计算模型，可设计算法如下。

(1) 输入数 x。

(2) 求出百位数 $a=x//100$。

(3) 求出十位数 $b=(x//10)\%10$。

(4) 求出个位数 $c=x\%10$。

(5) 计算和 $\text{sum}=a+b+c$。

(6) 输出和 sum。

其顺序结构流程图如图 10.1 所示。

【编写程序】

根据以上算法描述，可编写程序如图 10.2 所示。

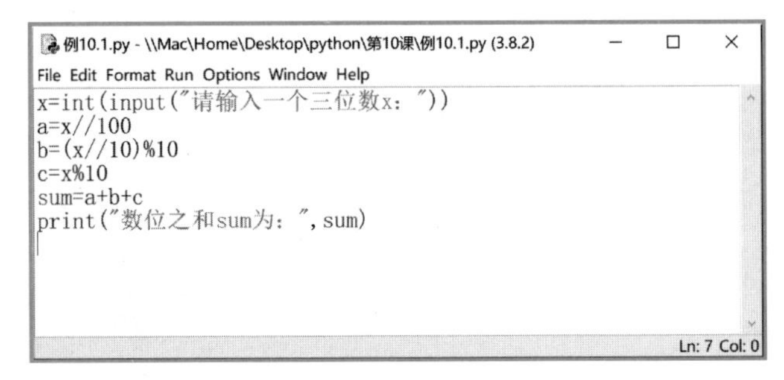

图 10.2

【运行结果】

```
请输入一个三位数 x: 234
数位之和 sum 为: 9
```

【程序说明】

熟练掌握 Python 中各类运算符的使用，如程序中“//”“%”分别用以表示整除、求余。

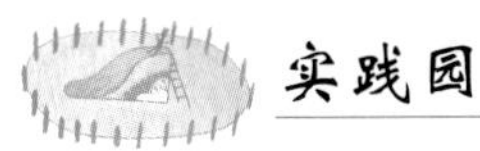

给定非负整数 n，求 2^n。

注： 题目出自 http://noi.openjudge.cn 中 1.3 编程基础之算术表达式与顺序执行/20。

输入： 一个整数 n。$0 \leqslant n < 31$。

输出： 一个整数，即 2 的 n 次方。

【样例输入】

```
3
```

【样例输出】

```
8
```

PYTHON 第 11 课 鸡兔同笼

掌握顺序结构之鸡兔同笼的求解。

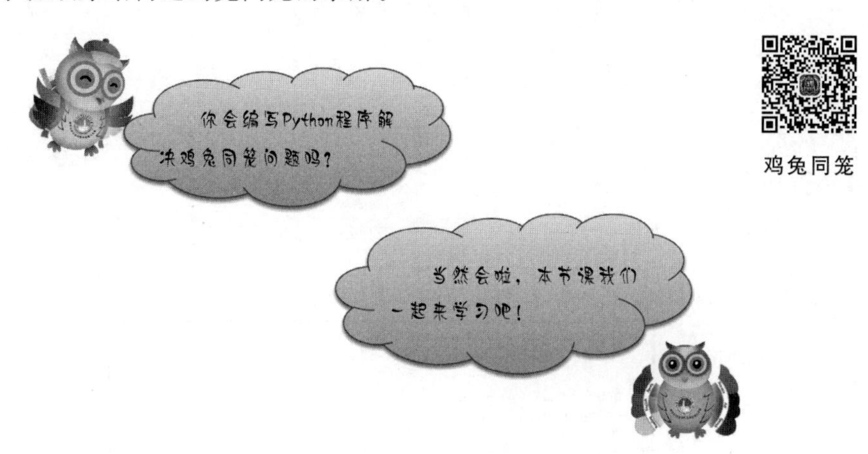

【例 11.1】 我国古代名著《孙子算经》中记载：“今有雉兔同笼，上有三十五头，下有九十四足，问雉兔各几何？”

意思是：笼子里有若干只鸡和兔。从上面数，有 35 个头，从下面数，有 94 只脚。鸡和兔各有几只？

【分析问题】

根据题意，可从确定的已知条件(头数之和，脚数之和)为切入点，然后根据已经条件列出二元一次方程组求出鸡兔各多少只。

【抽象建模】

根据以上问题分析，可将问题抽象成数学符号，假设鸡的数目是 x 只，兔子的数目是 y 只。头数之和是 head，脚数之和为 feet。

根据以上问题抽象，可建立计算模型如下。

$$\begin{cases} x + y = \text{head} \\ 2x + 4y = \text{feet} \end{cases}$$

解方程组得

$$\begin{cases} x = 2 \times \text{head} - \text{feet}/2 \\ y = \text{feet}/2 - \text{head} \end{cases}$$

同时满足上述两个方程的 x、y 值就是所求解。根据这样的思路设计算法、编写程序。

【设计算法】

根据以上计算模型，可设计算法如下。

(1) 令 head＝35。

(2) 令 feet＝94。

(3) 令鸡的数目为 $x=2*\text{head}-\text{feet}/2$。

(4) 令兔子的数目为 $y=\text{feet}/2-\text{head}$。

(5) 分别输出结果鸡的数目为 x 和兔子的数目为 y。

算法流程图如图 11.1 所示。

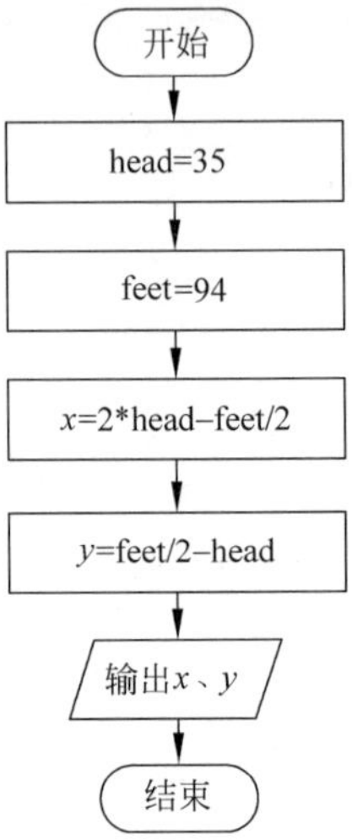

开始
head=35
feet=94
x=2*head−feet/2
y=feet/2−head
输出x、y
结束

图 11.1

【编写程序】

根据以上算法描述，可编写程序如下图 11.2 所示。

【运行结果】

```
鸡有 23.0 只
兔有 12.0 只
```

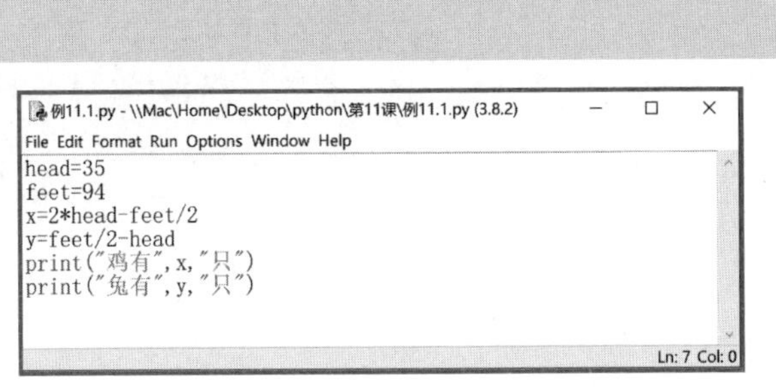

例11.1.py - \\Mac\Home\Desktop\python\第11课\例11.1.py (3.8.2)

File Edit Format Run Options Window Help

```
head=35
feet=94
x=2*head-feet/2
y=feet/2-head
print("鸡有",x,"只")
print("兔有",y,"只")
```

Ln: 7 Col: 0

图 11.2

【程序说明】

鸡兔同笼问题还可以使用常用经典算法之枚举法(详见第 31 课)来求解。

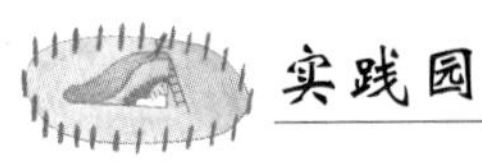

实践园

给出圆的半径，求圆的直径、周长和面积。

输入：输入包含一个实数 $r(0<r\leqslant 10000)$，表示圆的半径。

输出：输出一行，包含三个数，分别表示圆的直径、周长、面积，数与数之间以一个空格分开，每个数保留小数点后 4 位。

提示：如果圆的半径是 r，那么圆的直径、周长、面积分别是 $2*r$、$2*\text{pi}*r$、$\text{pi}*r*r$，其中约定 pi＝3.14159。可以使用 print("%.4f"% ...)实现保留小数点后 4 位。

【样例输入】

```
3.0
```

【样例输出】

```
6.0000   18.8495   28.2743
```

Chapter 4

第4章

问题求解中的选择结构

在现实生活中，人们往往需要根据实际情况选择性地解决问题。例如，根据天气预报（晴天或者雨天），选择是打雨伞还是不打雨伞出门。这时，程序执行的顺序不再是从前往后逐一执行，而是根据具体条件选择执行某条语句。

选择结构（又称分支结构）主要用来解决实际问题中根据不同条件来选择执行或不执行某些语句。Python 的选择结构包括 if 单分支语句、if...else 双分支语句、if...elif...else 多分支语句和嵌套 if 语句。

本章将介绍 Python 语言的四种选择结构，并分别使用这四种选择结构解决数值交换、奇偶数判断、经费问题和判断闰年问题。

第 12 课　if 语句——数值交换

(1) 掌握单分支 if 语句的格式及其执行过程。

(2) 学会使用 if 语句解决数值交换问题。

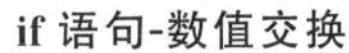
if 语句-数值交换

什么是单分支结构?
只对一种情况进行判断，当条件成立时就执行语句块。

if 语句的一般格式如下。

```
if 表达式:
    语句块
```

【说明】 如果表达式的值为真(条件成立),则执行语句块；否则,忽略语句块,按顺序执行程序中与 if 对齐的后续语句。

注意：

(1) 表达式后的冒号不能少。

(2) 语句块可以是单个语句,也可以是多个语句,通常采用缩进的方式来标识(一般缩进 4 个空格),如果是多个语句构成的语句块,则必须采用相同的缩进量。

if 语句的执行过程如图 12.1 所示。

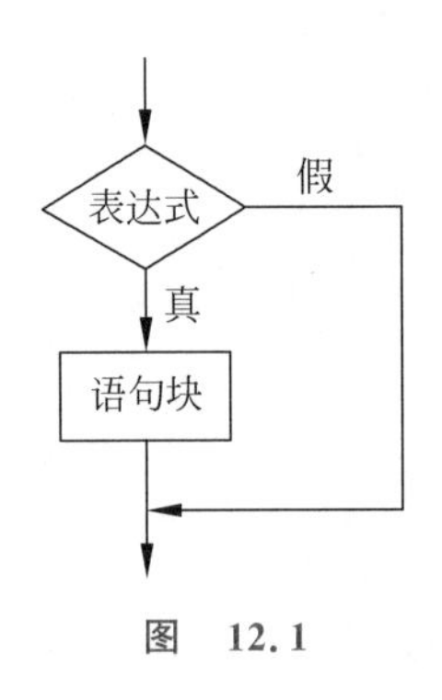
表达式
假
真
语句块

图　12.1

【例 12.1】 任意输入两个整数,要求按从小到大的顺序输出。

【分析问题】

根据题意,可知只有在输入的第 1 个整数大于第 2 个整数时,两数才发生交换,然后输出；否则不发生交换,直接输出即可。

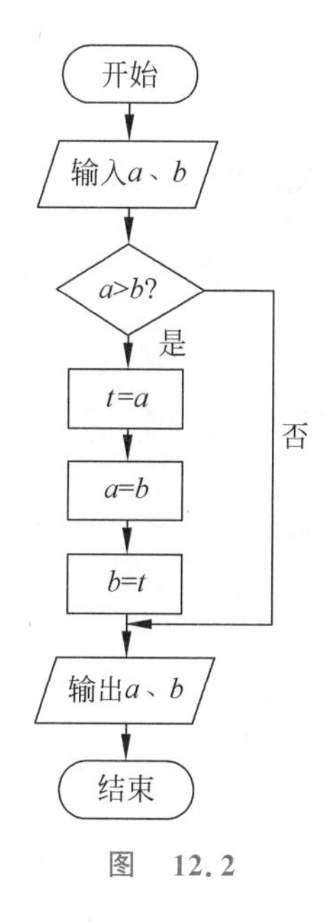

图 12.2

【抽象建模】

根据以上问题分析，可将问题抽象成数学符号。假设任意输入的两个整数分别为 a、b。

根据以上问题抽象，可建立计算模型如下。

$$判断结果=\begin{cases}交换数值(a>b)，输出交换后\ a\ 和\ b\ 的值\\ 不交换数值(a\leqslant b)，直接输出\ a\ 和\ b\ 的值\end{cases}$$

【设计算法】

根据以上计算模型，可设计算法如下。

(1) 输入整数 a 的值。

(2) 输入整数 b 的值。

(3) 如果 $a>b$，则交换 a 和 b。

(4) 输出 a 和 b 的值。

算法的流程图如图 12.2 所示。

【编写程序】

根据以上算法描述，可编写程序如图 12.3 所示。

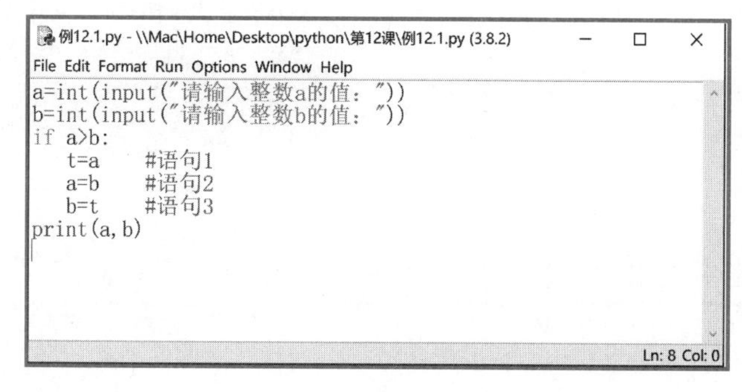


```
a=int(input("请输入整数a的值："))
b=int(input("请输入整数b的值："))
if a>b:
   t=a    #语句1
   a=b    #语句2
   b=t    #语句3
print(a,b)
```

图 12.3

【运行结果】

```
请输入整数 a 的值：5
请输入整数 a 的值：3
3 5
```

【程序说明】

在 Python 中，两个变量值的交换可以不借助于第三个变量而直接进行交换，即我们可以将程序中的语句 1、语句 2、语句 3 中的三条语句 t=a、a=b、b=t 替换成 a、b=b、a。

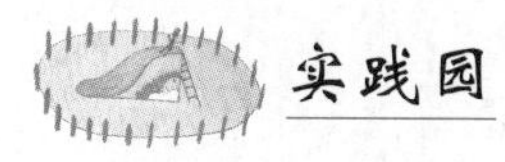

实践园

输入一个实数，如果该数为正数，则在屏幕上输出 x is positive。

PYTHON 第13课 if...else语句——奇偶数判断

导学牌

(1) 掌握双分支if...else语句的格式及其执行过程。

(2) 学会使用if...else语句解决奇偶数判断问题。

if...else语句——奇偶数判断

什么是双分支结构?
仍是只对一种情况进行判断，条件成立执行语句块A，否则执行语句块B。

if...else语句的一般格式如下。

```
if 表达式:
  语句块 A
else:
  语句块 B
```

【说明】 如果表达式的值为真，那么执行语句块A；否则，执行语句块B。

注意：

(1) 表达式以及else后的冒号不能少。

(2) 语句块可以是单个语句，也可以是多个语句，如果是多个语句，则必须采取相同的缩进量。

if...else语句的执行过程如图13.1所示。

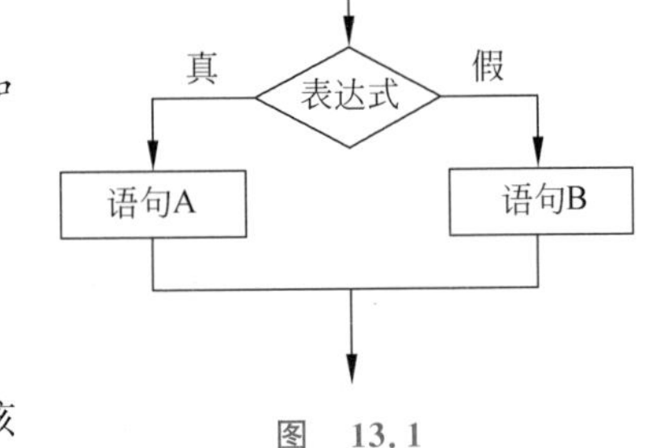
真
表达式
假
语句A
语句B

图 13.1

【例13.1】 奇偶数判断。给定一个整数，判断该数是奇数还是偶数。

注：题目出自http://noi.openjudge.cn中1.4编程基础之逻辑表达式与条件分支/03。

输入：输入仅一行，一个大于零的正整数n。

输出：输出仅一行，如果n是奇数，输出odd；如果n是偶数，输出even。

【样例输入】

```
5
```

【样例输出】

```
odd
```

【分析问题】

根据题意，可知要判断一个数是奇数还是偶数，可以用这个数除以 2，求余数。如果余数为 0，该数是偶数；否则，该数是奇数。

【抽象建模】

根据以上问题分析，可将问题抽象成数学符号，假设给定的整数为 n，如果 n 是偶数，输出 even；否则，输出 odd。

根据以上问题抽象，可建立计算模型如下。

$$判断结果=\begin{cases}偶数(n\%2=0)，输出\ even\\奇数(n\%2\neq 0)，输出\ odd\end{cases}$$

注意：此处计算建模中使用的是 Python 的取余符号(%)。

【设计算法】

(1) 输入一个整数 n。

(2) 如果 $n\%2==0$，则 n 是偶数；否则，n 是奇数。

(3) 输出结果。

算法的流程图如图 13.2 所示。

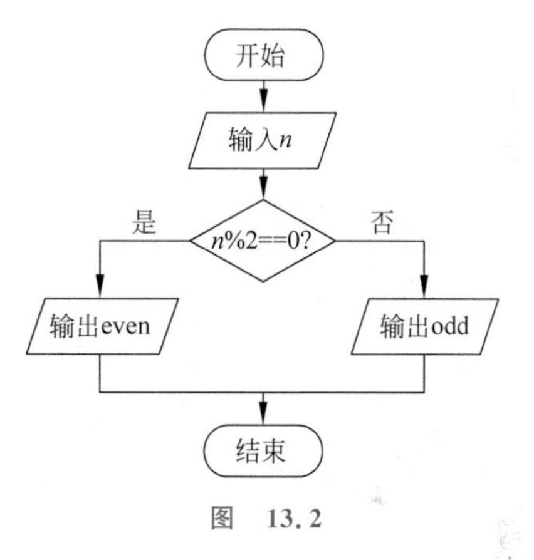

图　13.2

【编写程序】

根据以上算法描述，可编写程序如图 13.3 所示。

```
例13.1.py - \\Mac\Home\Desktop\python\第13课\例13.1.py (3.8.2)
File Edit Format Run Options Window Help
n=int(input())
if n%2==0:     #语句1
   print("even")
else:
   print("odd")

Ln: 6 Col: 0
```

图　13.3

【运行结果】

```
5
odd
```

【程序说明】

程序中的语句 1：等号(==)不能写成赋值号(=)。

实践园

判断一个数能否同时被 3 和 5 整除。

输入：输入一行，包含一个整数 n（$-1000000<n<1000000$）。

输出：输出一行，如果能同时被 3 和 5 整除，输出 YES；否则，输出 NO。

【样例输入】

```
15
```

【样例输出】

```
YES
```

PYTHON 第 14 课　if...elif...else 语句——经费问题

导学牌

（1）掌握多分支 if...elif...else 语句的格式及其执行过程。

（2）学会使用 if...elif...else 语句解决经费问题。

什么是多分支结构？
对多种情况进行判断，当某个条件成立时就执行对应的语句块。

if...elif...else 语句
——经费问题

if...elif...else 语句的一般格式如下。

```
if 表达式 1:
    语句块 1
elif 表达式 2:
    语句块 2
...
elif 表达式 n:
    语句 n
else:
    语句块 n+1
```

【说明】 如果表达式 1 的值为真，则执行语句块 1；如果表达式 2 的值为真，则执行语句 2……如果 if 语句和 elif 子句中条件都不为真时，则执行 else 子句的语句块 $n+1$。最后一个 else 子句是可以省略的，此时，如果所有表达式都为假时，就直接退出该语句转而执行程序的后续语句。if...elif...else 语句的执行过程如图 14.1 所示。

【例 14.1】 经费问题。社团小组本学期剩余经费 x 元，经讨论决定：在某网站购买若干笔记本，作为奖品奖励给表现优秀的学生。已知该网站有三种笔记本，它们的单价分别为 6 元、5 元和 4 元。社团小组希望购买尽可能多的笔记本，并且能将经费 x 元全部用完。

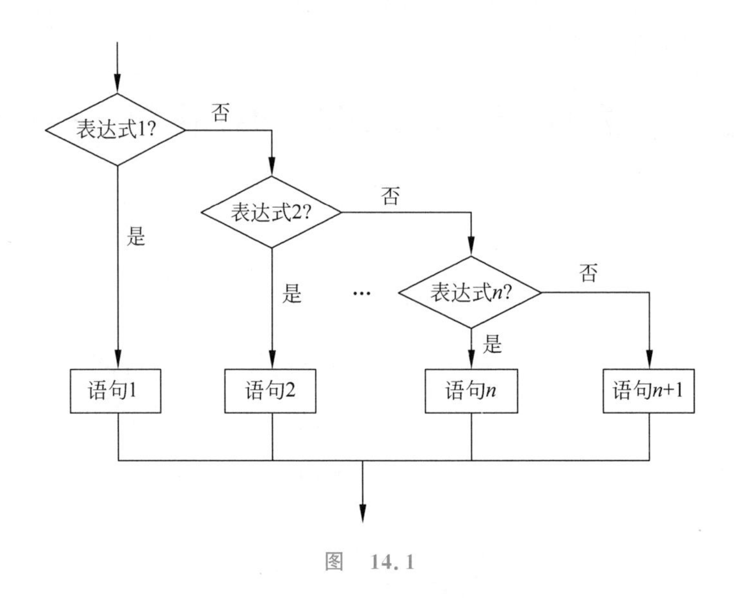

图 14.1

试编写程序，帮助社团小组制订出一套购买笔记本的方案，计算出在将全部经费用完的情况下，这三种笔记本可以各买多少本？

【分析问题】

根据题意可知，由于希望购买尽可能多的笔记本，所以首先选择购买 4 元的笔记本，最多可以购买$\frac{x}{4}$本，但不一定能将经费全部用完。因此，社团小组可以按如下方案购买笔记本。

如果购买完$\frac{x}{4}$本，还剩 1 元，则 4 元的笔记本少购买 1 本，换成一本 5 元的笔记本。

如果购买完$\frac{x}{4}$本，还剩 2 元，则 4 元的笔记本少购买 1 本，换成一本 6 元的笔记本。

如果购买完$\frac{x}{4}$本，还剩 3 元，则 4 元的笔记本少购买 2 本，换成一本 5 元的笔记本和一本 6 元的笔记本。

【抽象建模】

根据以上问题分析，将问题抽象成数学符号，假设购买$\frac{x}{4}$本的余数为 r，r 可能的范围为 0～3。同时，购买单价为 6 元、5 元、4 元的数量分别为 a、b、c。

根据以上问题抽象，可建立计算模型如下。

$$
\text{余数 } r=\begin{cases}0\text{，则 } a=0, b=0, c=\frac{x}{4} \\ 1\text{，则 } a=0, b=1, c=x//4-1 \\ 2\text{，则 } a=1, b=0, c=x//4-1 \\ 3\text{，则 } a=1, b=1, c=x//4-2\end{cases}
$$

注意：此处计算模型中使用的是 Python 的整除符号(//)。

【设计算法】

根据以上计算模型，可设计算法如下。

(1) 输入经费 x。

(2) $r=x\%4, c=x//4$。

(3) 如果 r 的值为 0，则 $a=0, b=0$。

(4) 如果 r 的值为 1，则 $a=0, b=1, c=c-1$。

(5) 如果 r 的值为 2，则 $a=1, b=0, c=c-1$。

(6) 如果 r 的值为 3，则 $a=1, b=1, c=c-2$。

(7) 输出 a、b、c 的值。

算法的流程图如图 14.2 所示。

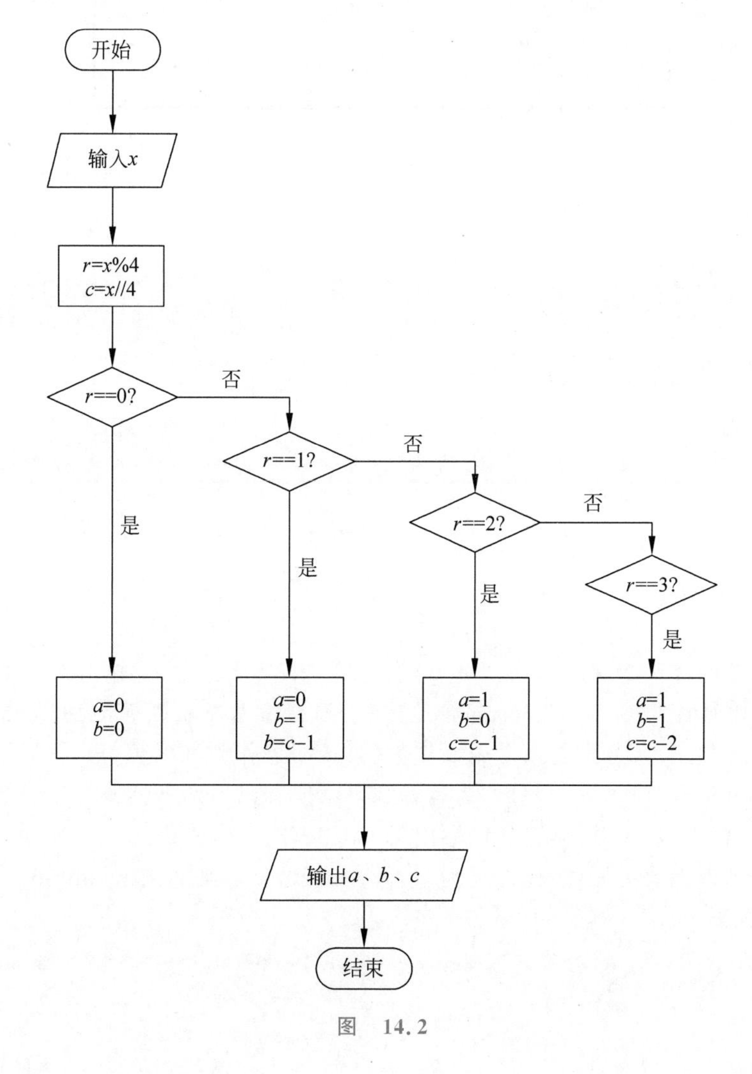

图 14.2

【编写程序】

根据以上算法描述，可编写程序如图 14.3 所示。

```
x=int(input("请输入经费x: "))
r=x%4
c=x//4
if r==0:
    a=0
    b=0
elif r==1:
    a=0
    b=1
    c=c-1
elif r==2:
    a=1
    b=0
    c=c-1
elif r==3:
    a=1
    b=1
    c=c-2
print("购买6元笔记本的数量为: ",a)
print("购买5元笔记本的数量为: ",b)
print("购买4元笔记本的数量为: ",c)
```

图 14.3

【运行结果】

```
请输入经费 x: 127
购买 6 元笔记本的数量为: 1
购买 5 元笔记本的数量为: 1
购买 4 元笔记本的数量为: 29
```

【程序说明】

熟练掌握各种算术运算符的使用,尤其是数学中没有而Python编程中含有的算术运算符,如整除(//)、求余数(%)等。

实践园

一个最简单的计算器支持+、-、*、/四种运算。仅需考虑输入、输出为整数的情况。

注:题目改编自 http://noi.openjudge.cn 中 1.4 编程基础之逻辑表达式与条件分支/19。

输入:输入共三行,分别是第1个操作数、第2个操作数和运算符。

输出:输出只有一行,一个整数,为运算结果。但有以下两种情况。

(1) 如果出现除数为0的情况,则输出 Divided by zero!。

(2) 如果出现无效的操作符(即不为+、-、*、/之一),则输出 Invalid operator!。

【样例输入】

```
1
2
+
```

【样例输出】

```
3
```

PYTHON 第15课 嵌套if语句——判断闰年

(1) 掌握嵌套 if 语句的格式及其执行过程。

(2) 学会使用嵌套语句解决判断闰年问题。

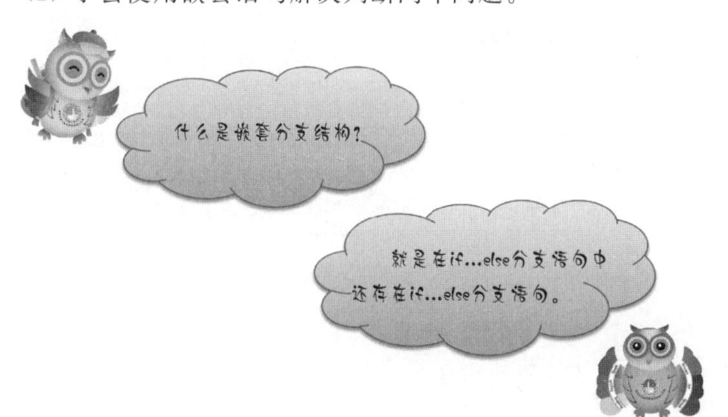

嵌套 if 语句——判断闰年

嵌套 if 语句的一般格式如下。

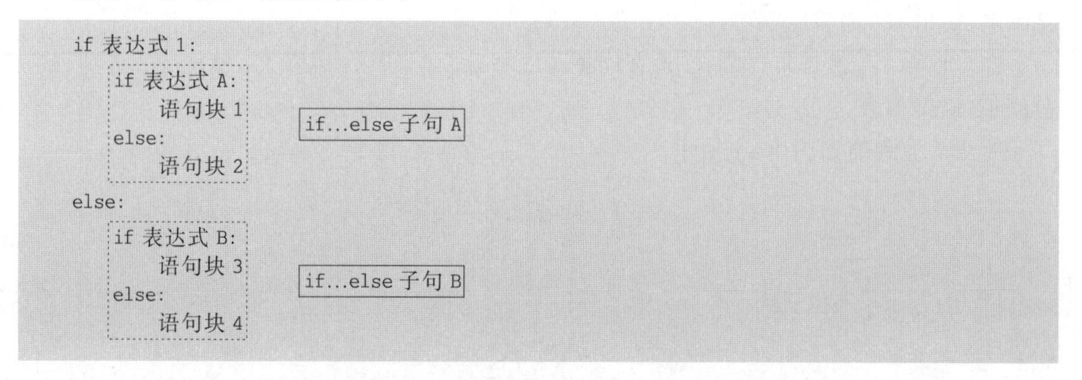

```
if 表达式 1:
    if 表达式 A:
        语句块 1
    else:
        语句块 2
else:
    if 表达式 B:
        语句块 3
    else:
        语句块 4
```


【说明】 如果表达式 1 的值为真,则执行 if...else 子句 A;否则,执行 if...else 子句 B。

【例 15.1】 判断某年是否是闰年。

注:题目出自 http://noi.openjudge.cn 中 1.4 编程基础之逻辑表达式与条件分支/17。

输入:输入只有一行,包含一个整数 a($0<a<3000$)。

输出:输出一行,如果公元 a 年是闰年,输出 Y;否则,输出 N。

【样例输入】

```
2006
```

【样例输出】

```
N
```

【分析问题】

根据题意,要判断某年是否是闰年,首先要掌握判断闰年的条件,判断闰年有如下两种方法。

(1) 公历年份不是整百数的是四年一闰,即“四年一闰,百年不闰”。

(2) 公历年份是整百数的是四百年一闰,即“四百年一闰”。

【抽象建模】

根据以上问题分析,可将问题抽象成数学符号。假设某年是 a 年,如果 a 年是闰年,输出 Y;否则,输出 N。

根据以上问题抽象,可建立计算模型如下。

$$\text{判断结果}=\begin{cases}\text{非整百年}(a\%100\neq0)\begin{cases}\text{闰年}(a\%4=0),\text{输出 Y}\\\text{平年}(a\%4\neq0),\text{输出 N}\end{cases}\\\text{整百年}(a\%100=0)\begin{cases}\text{闰年}(a\%400=0),\text{输出 Y}\\\text{平年}(a\%400\neq0),\text{输出 N}\end{cases}\end{cases}$$

注意:此处计算模型中使用的是 Python 的取余符号(%)。

【设计算法】

根据以上计算模型,可设计算法如下。

(1) 输入一个整数 a,判断 a 是否是整百年。

(2) 如果 a 不是整百年,判断 a 是否能被 4 整除,如果是,a 是闰年,输出 Y;否则,a 不是闰年,输出 N。

(3) 如果 a 是整百年,判断 a 是否能被 400 整除,如果是,a 是闰年,输出 Y;否则,a 不是闰年,输出 N。

算法的流程图如图 15.1 所示。

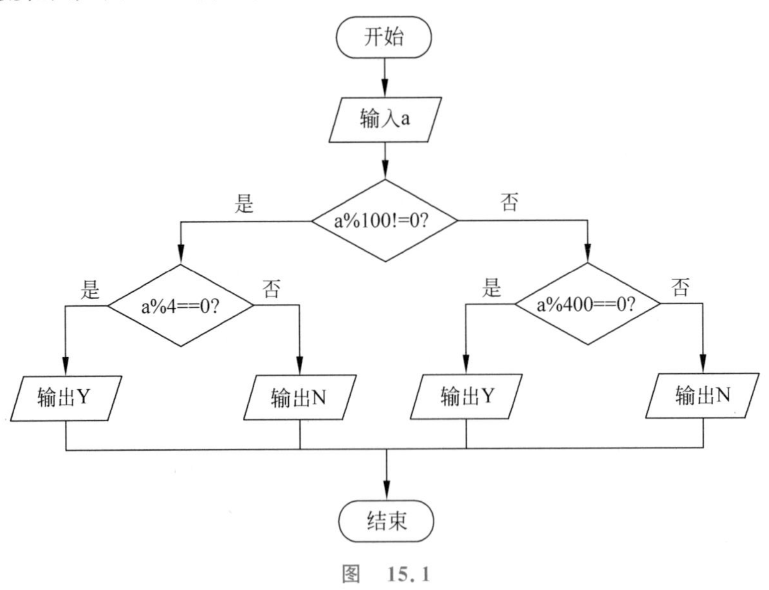

图 15.1

【编写程序】

根据以上算法描述，可编写程序如图 15.2 所示。

```
例15.1.py - \\Mac\Home\Desktop\python\第15课\例15.1.py (3.8.2)
File Edit Format Run Options Window Help
a=int(input())
if a%100!=0:
    if a%4==0:
        print("Y")
    else:
        print("N")
else:
    if a%400==0:
        print("Y")
    else:
        print("N")
Ln: 12 Col: 0
```

图 15.2

【运行结果】

```
2006
N
```

【程序说明】

判断闰年问题的方法比较多，例如还可以使用双分支 if 语句来实现，程序如图 15.3 所示。

```
例15.1.2.py - \\Mac\Home\Desktop\python\第15课\例15.1.2.py (3.8.2)
File Edit Format Run Options Window Help
a=int(input())
if (a%4==0 and a%100!=0) or (a%400==0):
   print("Y")
else:
   print("N")
Ln: 6 Col: 0
```

图 15.3

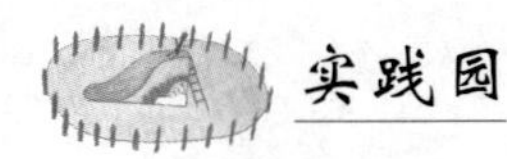

实践园

判断数正负。给定一个整数 N，判断其正负。

注： 题目出自 http://noi.openjudge.cn 中 1.4 编程基础之逻辑表达式与条件分支/01。

输入： 一个整数 $N(-109\leqslant N\leqslant 109)$。

输出： 如果 $N>0$，输出 positive；如果 $N=0$，输出 zero；如果 $N<0$，输出 negative。

【样例输入】

```
1
```

【样例输出】

```
positive
```

Chapter 5

第5章

问题求解中的循环结构

在生活中，人们常常会遇到许多有规律的重复性工作，为了完成这些重复的工作，需要花费大量时间。同样地，在程序设计中，也常常会遇到需要重复执行的某一条或一组语句，我们将这样一种结构称为循环结构。Python 的循环结构主要包括 for 语句、while 语句和嵌套循环结构。

本章将介绍 for 语句、while 语句、嵌套循环语句的一般格式及其执行过程，并分别使用这三种循环结构解决水仙花数、猜数游戏、乘法口诀表问题。另外，本章还将介绍两种提高程序效率的中断语句（break 语句和 continue 语句）。

PYTHON 第 16 课　for 语句——水仙花数

导学牌

(1) 掌握 for 语句的格式及其执行过程。

(2) 学会使用 for 语句解决水仙花数问题。

什么是for循环语句?
它是一种计数循环，一般适用于已知循环次数的循环。

for 语句水仙花数

for 循环语句的一般格式如下。

```
for 循环变量 in 序列:
    循环体
else:
    语句块
```

【说明】

(1) 循环变量依次取序列中的每一个元素，执行一次循环体。

(2) 常见的序列可以是列表、字符串或 range()函数等，如表 16.1 所示。

(3) 循环体就是需要重复执行的语句，循环体可以是一个简单的语句，也可以是多条语句组成的语句块，循环体需要注意缩进对齐。

(4) else 子句通常可以省略，当 else 子句被省略，循环变量依次取完序列中所有元素时，程序将会退出循环，转而执行程序的后续语句。

【作用】 for 语句中，循环变量依次取序列中的每个元素，然后执行一次循环体，当序列中的元素全部被取完，就退出 for 循环(或继续执行 else 子句)，转而执行程序的后续语句。for 循环语句的执行过程流程图如图 16.1 所示。

表 16.1

序　列	示　例	示例结果
列表是一组有序存储的数据；列表可以包含不同的数据类型。列表的数据元素放在中括号[]中，以逗号分隔开	>>> for i in [1,2,3,4,5]: 　　print(i)	1 2 3 4 5
字符串	>>> for i in "Good!": 　　print(i)	G o o d !
range(起始值，终止值，增量) 起始值：可省略，默认值为 0。 终止值：前闭后开区间，如[0,n)包含 0～n－1 个元素，不包括元素 n，像这样的区间称为前闭后开区间。 增量：可省略，默认值为 1	>>> for i in range(1,6): 　　print(i)	1 2 3 4 5
	>>> for i in range(10,2,－2): 　　print(i)	10 8 6 4

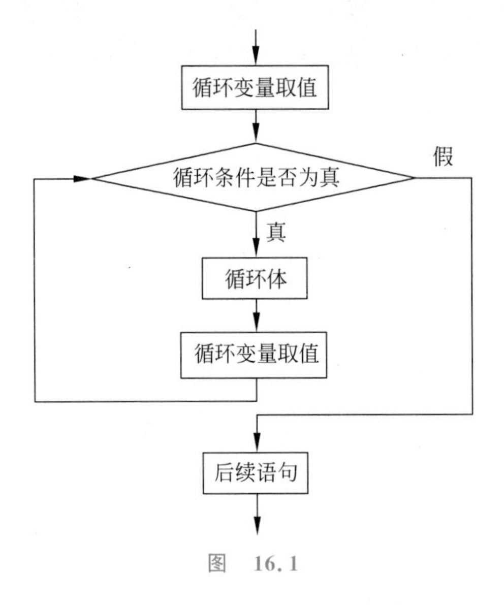

图 16.1

【例 16.1】 输出所有的“水仙花数”。所谓水仙花数是指一个三位数，其各个数位上的数字的立方和等于该数本身，如 153 是一个水仙花数，因为 $153=1^3+5^3+3^3$。

【分析问题】

根据“水仙花数”的定义，要判断一个数是否为水仙花数，首先要求出这个三位数的百位、十位和个位分别是多少，然后再求出其立方和，并判断立方和是否与给定的这个三位数相等，如果相等，则是水仙花数；否则，不是水仙花数。

【抽象建模】

根据以上问题分析，可将问题抽象成数学符号。假设给定的这个三位数 i 的百位、十位、个位上的数分别是 a、b、c。

根据以上问题抽象，可建立计算模型如下。

首先，有 a=i//100，b=(i//10)%10，c=i%10。

然后，

判断结果=
- 水仙花数(i=a * a * a+b * b * b+c * c * c)，输出后继续判断下一个数
- 非水仙花数(i≠a * a * a+b * b * b+c * c * c)，继续判断下一个数

注意：此处计算模型中的 i 代表一个三位数，其取值范围是 100 到 999。

【设计算法】

根据以上计算模型，可设计算法如下。

从 100 起到 999 结束，逐一判断，可以采用 for 循环结构来实现。

(1) 循环变量 i 从 100 变化到 999。

(2) 分别求出 i 的百位、十位、个位上的数 a、b、c，即 a=i//100，b=(i//10)%10，c=i%10。

(3) 逐个判断 i 是否满足条件 i==a * a * a+b * b * b+c * c * c，如果满足，则 i 是水仙花数，输出后再判断下一个数；否则，直接判断下一个数。

(4) 重复执行步骤(2)和步骤(3)，直到 i 的取值为 1000 时，直接退出循环。

算法的流程图如图 16.2 所示。

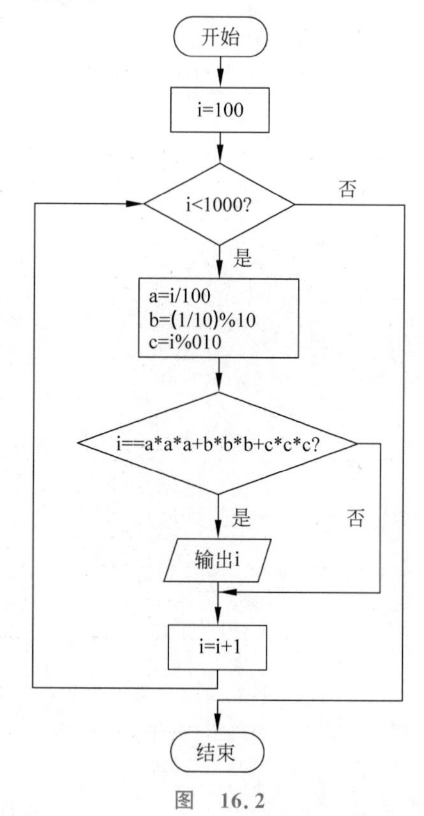

图 16.2

【编写程序】

根据以上算法描述,可编写程序如图 16.3 所示。

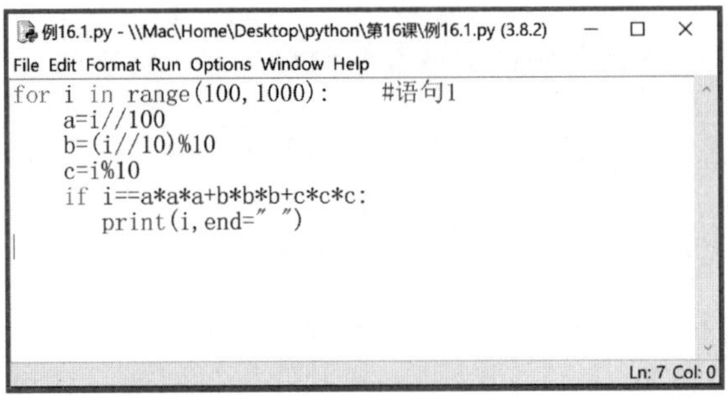

```
例16.1.py - \\Mac\Home\Desktop\python\第16课\例16.1.py (3.8.2)
File Edit Format Run Options Window Help
for i in range(100,1000):      #语句1
    a=i//100
    b=(i//10)%10
    c=i%10
    if i==a*a*a+b*b*b+c*c*c:
        print(i,end=" ")
                                          Ln: 7 Col: 0
```

图 16.3

【运行结果】

```
153 370 371 407
```

【程序说明】

程序中的语句 1:for 语句行尾的冒号不能少。

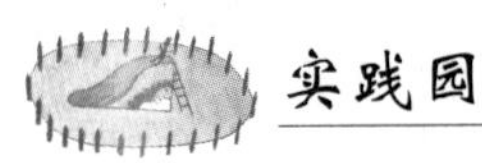

实践园

(1) 用 for 语句求 1+2+3+4+5 的和。

(2) 用 for 语句求 1*2*3*4*5 的积。

PYTHON 第 17 课　while 语句——猜数游戏

(1) 掌握 while 语句的格式及其执行过程。

(2) 学会使用 while 语句解决猜数游戏问题。

什么是while循环语句？
它是通过判断循环条件来决定是否继续循环，条件成立执行循环体，否则结束循环。

while 语句——
猜数游戏

while 循环语句的一般格式如下。

```
while 表达式:
    循环体
else:
    语句块
```

【说明】

(1) 表达式可以是关系表达式或逻辑表达式等，其值是一个逻辑值，即真(True)或假(False)。

(2) 循环体就是需要重复执行的语句，循环体可以是一个简单的语句，也可以是有多个语句组成的语句块，循环体需要注意缩进对齐。

(3) else 子句通常可以省略。

【作用】　在 while 语句中，当表达式为真(True)时，执行一次循环体，执行完后再判断表达式是否为真，如果仍为真，则再执行一次循环体，以此类推，直至表达式为假时退出 while 循环(或继续执行 else 子句)，转而执行程序的后续语句。

while 循环语句的执行过程如图 17.1 所示。

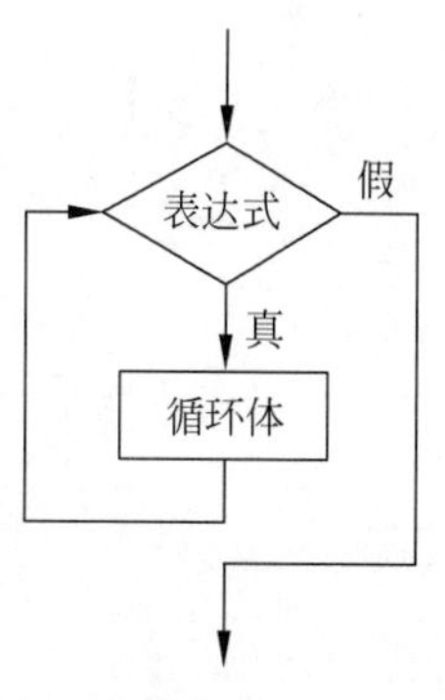

表达式
假
真
循环体

图　17.1

【例 17.1】　猜数游戏：计算机给定一个数，请你来猜，计算机

会根据你猜测的数字给定相应的提示："大了""小了"或"正确"。如果你所猜数字正确，计算机输出"正确"，游戏结束；否则，继续猜数。

【分析问题】

首先要确定一个目标数，然后将所猜数与目标数做比较，若两数相等，则游戏结束；否则，继续猜数。

【抽象建模】

根据以上问题分析，可将问题抽象为数学符号。假设目标数为 key，所猜数为 x，通过比较 x 与 key，决定是否继续猜数。

根据以上问题抽象，可建立计算模型如下。

$$\text{猜数结果}=\begin{cases}\text{正确}(x=key)\text{，游戏结束}\\\text{大了}(x>key)\text{，继续猜数}\\\text{小了}(x<key)\text{，继续猜数}\end{cases}$$

【设计算法】

根据以上计算模型，可设计算法如下。

要将输入的数 x 与给定的目标数 key 反复进行比较，用布尔型变量 flag 表示猜数是否正确，如果 flag 值为 True，表示猜数正确，则游戏结束；否则，继续猜数。

当某一条件成立(猜错)，执行循环体(继续猜)；否则，(猜对)退出循环。可以采用 while 语句实现。

算法的流程图如图 17.2 所示。

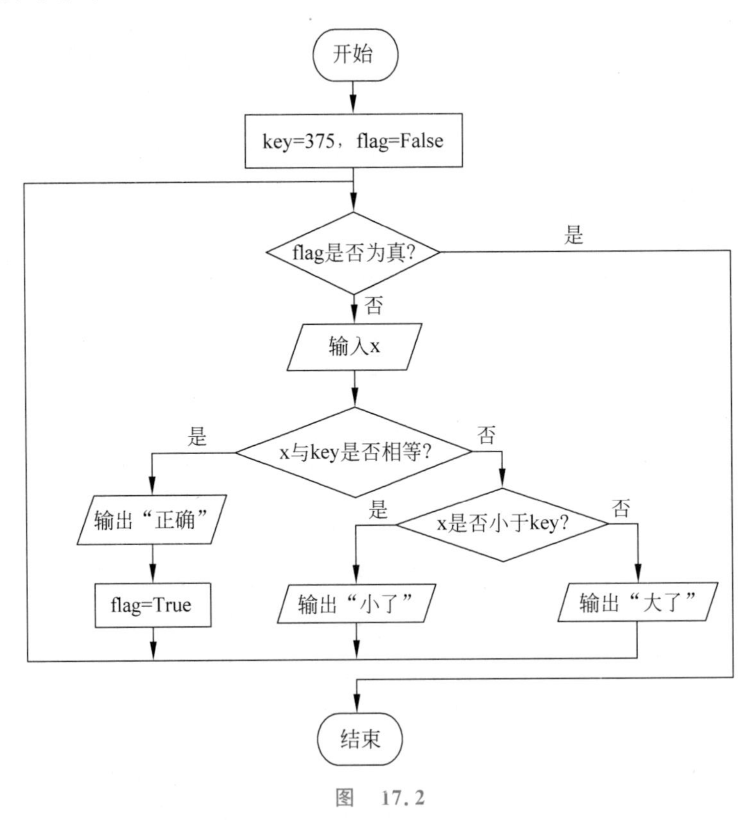

图 17.2

【编写程序】

根据以上算法描述,可编写程序如图 17.3 所示。

```
例17.1.py - \\Mac\Home\Desktop\python\第17课\例17.1.py (3.8.2)
File Edit Format Run Options Window Help
key=375
flag=False
while flag is False:     #语句1
    x=int(input("请输入所猜数x: "))
    if x==key:
        print("正确")
        flag=True
    elif x<key:
        print("小了")
    else:
        print("大了")
else:                    #语句2
    print("游戏结束! ")

Ln: 14 Col: 0
```

图 17.3

【运行结果】

```
请输入所猜数 x: 250
小了
请输入所猜数 x: 500
大了
请输入所猜数 x: 400
大了
请输入所猜数 x: 375
正确
游戏结束!
```

【程序说明】

程序中的语句 1: while 语句行尾的冒号不能少; 语句 2 是 else 子句,此句可省略。

实践园

(1) 球弹跳高度的计算。一球从某一高度落下(整数,单位为米),每次落地后反弹回原来高度的一半,再落下。编程计算该球在第 10 次落地时,共经过多少米? 第 10 次反弹多高?

注: 题目出自 http://noi.openjudge.cn 中 1.5 编程基础之循环控制/20。

输入: 输入一个整数 h,表示球的初始高度。

输出: 输出包含两行。第 1 行,从球第 1 次下落的初始高度到球第 10 次落地时,一共经过的米数; 第 2 行,第 10 次弹跳的高度。

注意: 结果可能是实数,结果用 double 类型保存。

提示: 输出时不需要对精度特殊控制,使用 print("%g"%ANSWER)即可。

【样例输入】

```
20
```

【样例输出】

```
59.9219
0.0195312
```

(2) 角谷猜想是指对于任意一个正整数,如果是奇数,则乘3加1;如果是偶数,则除以2,得到的结果再按照上述规则重复处理,最终总能够得到1。如假定初始整数为5,计算过程分别为16、8、4、2、1。程序要求输入一个整数,将经过上述规则处理得到1的过程输出来。

注:题目出自 http://noi.openjudge.cn 中1.5编程基础之循环控制/21。

输入:一个正整数 $N(N \leqslant 2000000)$。

输出:从输入整数到1的步骤,每一步为一行,每一步中描述计算过程。最后一行输出End。如果输入为1,直接输出End。

【样例输入】

```
5
```

【样例输出】

```
5 * 3 + 1 = 16
16/2 = 8
8/2 = 4
4/2 = 2
2/2 = 1
End
```

PYTHON 第18课 循环嵌套——乘法口诀表

(1) 理解循环嵌套的含义。

(2) 学会使用循环嵌套解决乘法口诀表问题。

循环嵌套——乘法口诀表

一个循环体内又包含另一个完整的循环结构，称为循环嵌套，内层嵌套的循环中还可以嵌套循环，这就是多层循环，也称多重循环。两种循环(for，while)可以相互嵌套。

【例 18.1】 编程输出如下乘法口诀表(乘号用 * 表示)。

```
1×1=1
1×2=2  2×2=4
1×3=3  2×3=6   3×3=9
1×4=4  2×4=8   3×4=12  4×4=16
1×5=5  2×5=10  3×5=15  4×5=20  5×5=25
1×6=6  2×6=12  3×6=18  4×6=24  5×6=30  6×6=36
1×7=7  2×7=14  3×7=21  4×7=28  5×7=35  6×7=42  7×7=49
1×8=8  2×8=16  3×8=24  4×8=32  5×8=40  6×8=48  7×8=56  8×8=64
1×9=9  2×9=18  3×9=27  4×9=36  5×9=45  6×9=54  7×9=63  8×9=72  9×9=81
```

【分析问题】

找规律：乘法口诀表由 9 行 9 列构成，每列所在行的个数随行数变化而变化，即第 1 行 1 个等式，第 2 行 2 个等式，第 3 行 3 个等式……以此类推，第 9 行 9 个等式，并且乘法口诀表中每个等式的值都是所在行与所在列的乘积。

【抽象建模】

根据以上问题分析，将问题抽象成数学符号。假设 i 表示行，j 表示列。

根据以上问题抽象，可以建立计算模型如下。

第 i 行第 j 列满足：j * i=i * j(j≤i)。

【设计算法】

根据以上计算模型，可设计算法如下。

由于乘法口诀表由行和列构成，因此可构造双重循环来实现。

(1) 外层循环 i 控制行，i 的取值范围为 1～9。

(2) 内层循环 j 控制列，j 的取值范围为 1～i(j 随 i 的变化而变化)。

(3) 第 i 行第 j 列等式满足：j * i=i * j。

(4) 使用格式化输出数据。

算法的流程图如图 18.1 所示。

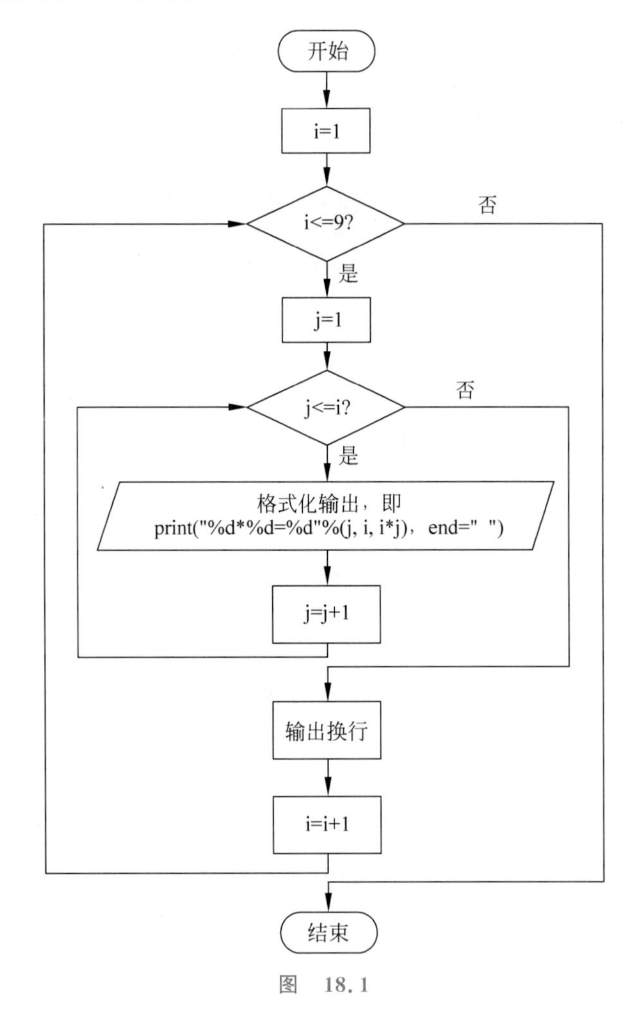

图 18.1

【编写程序】

根据以上算法描述，可编写程序如图 18.2 所示。

```
for i in range(1,10):
    for j in range(1,i+1):
        print("%d*%d=%d"%(j,i,i*j),end=" ")    #语句1
    print("\n")    #语句2
```

图 18.2

【运行结果】

```
1*1=1
1*2=2  2*2=4
1*3=3  2*3=6   3*3=9
1*4=4  2*4=8   3*4=12  4*4=16
1*5=5  2*5=10  3*5=15  4*5=20  5*5=25
1*6=6  2*6=12  3*6=18  4*6=24  5*6=30  6*6=36
1*7=7  2*7=14  3*7=21  4*7=28  5*7=35  6*7=42  7*7=49
1*8=8  2*8=16  3*8=24  4*8=32  5*8=40  6*8=48  7*8=56  8*8=64
1*9=9  2*9=18  3*9=27  4*9=36  5*9=45  6*9=54  7*9=63  8*9=72  9*9=81
```

【程序说明】

程序中的语句1使用的是格式化输出数据，关于格式化输出的使用，详情请见表9.1。语句2表示输出换行，关于转义字符的使用，详情请见表9.3。

实践园

(1) 求阶乘的和。给定正整数 n，求不大于 n 的正整数的阶乘的和，即求 $1!+2!+3!+\cdots+n!$，其中 $n!=1*2*3*\cdots*n$。

注：题目出自 http://noi.openjudge.cn 中 1.5 编程基础之循环控制/34。

输入：输入有一行，包含一个正整数 $n(1<n<12)$。

输出：一行，阶乘的和。

【样例输入】

```
5
```

【样例输出】

```
153
```

(2) 数1的个数。给定一个十进制正整数 n，写下从1到 n 的所有整数，然后数一下其中出现的数字1的个数。

例如，当 $n=2$ 时，写下1、2，这样只出现了1个1；当 $n=12$ 时，写下1、2、3、4、5、6、7、8、9、10、11、12，这样出现了5个1。

注：题目出自 http://noi.openjudge.cn 中 1.5 编程基础之循环控制/40。

输入：正整数 n。$1\leqslant n\leqslant 10000$。

输出：一个正整数，即 1 的个数。

【样例输入】

```
12
```

【样例输出】

```
5
```

（3）把一个合数分解成若干个质因数乘积的形式叫作分解质因数。分解质因数又称分解素因数，只针对合数。输入一个正整数 n，将 n 分解成质因数乘积的形式。

【样例输入】

```
36
```

【样例输出】

```
36 = 2 * 2 * 3 * 3
```

第 19 课　中断语句——break 和 continue

学会中断语句：break 语句和 continue 语句的使用。

你知道中断语句的作用吗？
知道呀，中断语句可以优化程序，提高程序效率。

中断语句

1. break 语句

break 语句的作用是跳出循环，即在循环体中遇到 break 语句，就会立刻跳出循环结构，执行该循环结构的后续语句。

2. continue 语句

continue 语句的作用是结束本次循环，即在循环体中遇到 continue 语句，就会跳过循环体中尚未执行的语句，直接执行下一次循环操作。

3. continue 语句和 break 语句的区别

continue 语句只结束本次循环，而不是终止整个循环的执行；而 break 语句则是结束整个循环过程，不再判断执行循环的条件是否成立。

【例 19.1】 计算 $1+2+3+\cdots+n>1000$，求 n 的最小值和 n 为最小值时算式的结果。

编写程序如图 19.1 所示。

```
例19.1.py - \\Mac\Home\Desktop\python\第19课\例19.1.py (3.8.2)
File Edit Format Run Options Window Help
n=1
sum=0
while True:
    sum+=n
    if sum>=1000:
        break     #语句1
    n+=1
print("n=",n)
print("sum=",sum)
                                                    Ln: 10 Col: 0
```

图 19.1

【运行结果】

```
n= 45
sum= 1035
```

【程序说明】

程序中的语句 1：sum 一旦大于等于 1000，便会立刻跳出 while 循环，执行 while 循环的后续语句。

【例 19.2】 计算 100 以内不是 7 的倍数的整数之和。

编写程序如图 19.2 所示。

```
例19.2.py - \\Mac\Home\Desktop\python\第19课\例19.2.py (3.8.2)
File Edit Format Run Options Window Help
sum=0
for i in range(1,101):
    if i%7==0:
        continue     #语句1
    sum+=i
print("sum=",sum)
                                                    Ln: 7 Col: 0
```

图 19.2

【运行结果】

```
sum= 4315
```

【程序说明】

程序中的语句 1：当 i 是 7 的倍数，结束本次循环，即跳过后续语句 sum+=i 进行下轮循环。

实践园

(1) 说说 break 语句和 continue 语句的区别。

(2) 最大公因数。输入两个正整数 x 和 y,输出它们的最大公因数。

(3) 最小公倍数。输入两个正整数 x 和 y,输出它们的最小公倍数。

Chapter 6

第6章

组合数据类型

在实际应用中，我们常常会遇到需要处理大量数据的情况。仅仅依靠前面学过的知识虽然能解决此类问题，但这样会使程序变得极其烦琐。Python 中虽没有其他编程语言中数组的概念，但提供了一些组合数据类型，可以用来解决此类问题，如列表、元组等。

除本书第 2 章介绍的基本数据类型外，Python 中还提供了一些组合数据类型，主要包括序列类型（字符串、列表、元组）、映射类型（字典）和集合类型。

本章将介绍 Python 中的字符串、列表、元组、字典和集合类型。

PYTHON 第 20 课　字符串类型

(1) 了解字符串类型的基本操作。

(2) 了解字符串的常用函数。

字符串类型

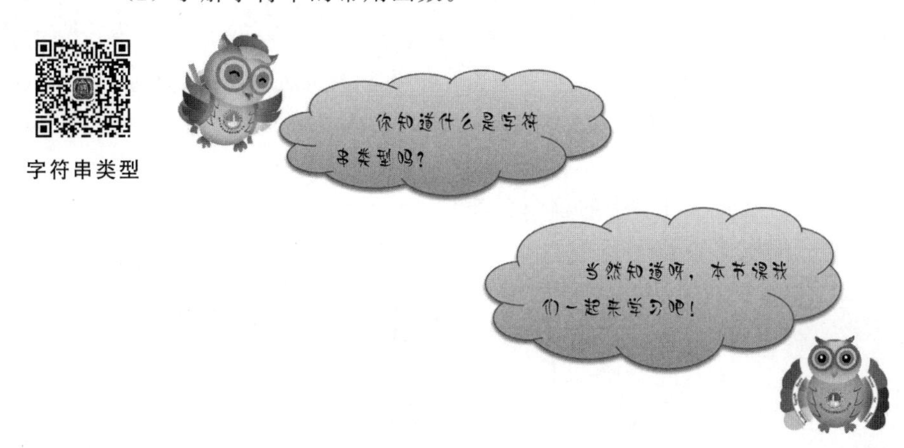

Python 中的字符串类型是指用单引号、双引号或三引号括起来的数据。

例如：

```
>>> name = '陈西'                    #以单引号括起来的字符串
>>> age = "4 岁"                     #以双引号括起来的字符串
>>> birthday = '''9 月 5 日'''       #以三引号括起来的字符串
>>> print(name,age,birthday)
陈西 4 岁 9 月 5 日
```

注意：当字符串中含有单引号时，最好使用双引号将字符串括起来；当字符串中含有双引号时，最好使用单引号将字符串括起来；三引号一般用于多行字符串(三引号指英文状态下的三个单引号)。

1. 字符串的基本操作

1) 字符串运算符

字符串运算符用于对字符串进行运算，包括连接运算符(+)、复制运算符(*)、成员运算符(in/not in)三种。

(1) 连接运算符(+)用于连接字符串。

例如：

```
>>> "Hello" + ",Python!"
'Hello,Python!'
```

(2) 复制运算符(*)用于复制字符串。

例如:

```
>>> "Welcome!" * 2
'Welcome!Welcome!'
```

(3) 成员运算符(in/not in)用于判断是否为字符串的子串。

例如:

```
>>> "as" in "breakfast"
True
>>> "end" not in "weekend"
False
```

注意:成员运算符 in 表示如果字符串中包含指定的字符,结果返回 True;否则,返回 False。成员运算符 not in 表示如果字符串中不包含指定的字符,结果返回 True;否则,返回 False。

2) 字符串的索引

字符串的索引是指返回字符串中的单个字符。

字符串索引的一般格式如下:

```
变量名[索引下标]
```

【说明】

(1) 字符串有两种索引方式,分别是正索引(左→右)和负索引(右→左)。

(2) 正索引时,索引下标(左→右)从 0 开始编号(0,1,2,3,…,$n-1$),依次递增。

(3) 负索引时,索引下标(右→左)从 −1 开始编号(−1,−2,−3,…,$-n$),依次递减。

例如:

```
>>> ch = "Good news!"                           #定义一个字符串变量
>>> print(ch[0],ch[2],ch[5],ch[8])              #正索引时下标从 0 开始编号,即 ch[0]~ch[9]
G o n s
>>> print(ch[-2],ch[-5],ch[-8],ch[-10])  #负索引时下标从 -1 开始编号,即 ch[-1]~ch[-10]
s n o G
```

字符串的正索引和负索引访问字符串的方式(以字符串变量 ch 为例)如表 20.1 所示。

表 20.1

字符串 ch	G	o	o	d		n	e	w	s	!
正索引(左→右)	0	1	2	3	4	5	6	7	8	9
负索引(右→左)	−10	−9	−8	−7	−6	−5	−4	−3	−2	−1

3) 字符串的切片

字符串的切片是指返回字符串中一段字符子串。

字符串切片的一般格式如下:

```
变量名[下标1:下标2:步长]
```

【说明】

(1) 下标1表示切片的起始位置,默认值为0。

(2) 下标2表示切片的终止位置(但不包括这个位置),也就是说字符串的切片操作只能访问到终止值前面一个元素。

(3) 步长表示访问字符的间隔,默认值为1。

例如:

```
>>> s = "homework"      #定义一个字符串变量
>>> s[1:6:2]            #下标从1开始到6(不包含6)为止,步长为2
'oeo'
```

常见字符串的切片操作(以字符串 s="homework"为例)如表20.2所示。

表 20.2

切片操作	描述	返回结果
s[n:]	返回下标从n→结束的字符串	>>> s[4:] 'work'
s[m:n]	返回下标从m→n−1的字符串	>>> s[0:4] 'home'
s[:n]	返回下标从0→n−1的字符串	>>> s[:4] 'home'
s[:]	返回下标从0→结束的字符串	>>> s[:] 'homework'
s[::−1]	返回从右→左的字符串	>>> s[::−1] 'krowemoh'
s[::n]	返回从左→右步长为n的字符串	>>> s[::3] 'her'
s[::−n]	返回从右→左步长为n的字符串	>>> s[::−3] 'kwo'
s[m:n:d]	返回下标从m→n−1步长为d的字符串	>>> s[2:5:2] 'mw'

2. 字符串的常用函数

Python中提供了一些用于字符串处理的相关函数,其中常见的字符串函数如表20.3所示。

表 20.3

函数	描述	示例
len(x)	返回字符串x的长度	>>> len("computer") 8
str(x)	返回x的字符串形式	>>> str(123) '123'

续表

函　数	描　述	示　例

lower()	将字符串中的英文字母转换成小写	>>> x="GOOD IDEA."
		>>> x.lower()
		'good idea.'

upper()	将字符串中的英文字母转换成大写	>>> x="come on!"
		>>> x.upper()
		'COME ON!'

capitalize()	将字符串的首字母转换成大写	>>> x="happy!"
		>>> x.capitalize()
		'Happy!'

title	将字符串中每个单词的首字母转换成大写	>>> x="boys and girls!" >>>x.title() 'Boys And Girls!'

islower()	判断字符串中的英文字母是否是小写,如果是,返回 True;否则,返回 False	>>> x="freinds"
		>>> x.islower()
		True

isupper()	判断字符串中的英文字母是否是大写,如果是,返回 True;否则,返回 False	>>> x="Family"
		>>> x.isupper()
		False

istitle()	判断字符串中每个单词的首字母是否是大写,如果是,返回 True;否则,返回 False	>>> x="go to school"
		>>> x.istitle()
		False

replace(x,y)	用字符串 y 替换字符串 x	>>> x="Speaking English"
		>>> x.replace("English","Chinese")
		'Speaking Chinese'

count(x)	计算指定字符串出现的次数	>>> x="apple,orange,apple"
		>>> x.count("apple")
		2

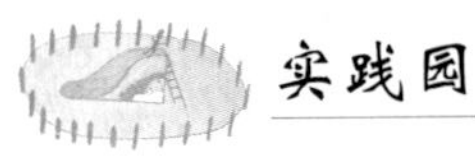

实践园

定义一个字符串变量 x="We had a good time!"。请你分别完成:

(1) 求出字符串 x 索引下标范围为 4~18,间隔为 5 的字符串。

(2) 求出字符串 x 的长度。

(3) 将字符串 x 首字母转换成大写。

PYTHON 第21课 列 表

(1) 了解定义列表的一般格式。

(2) 了解常用的列表函数。

列表

1. 列表的定义

列表是一组有序存储的数据。列表的数据元素必须放在中括号[]中,以逗号分隔开。定义列表的一般格式如下。

```
列表名称 = [元素 1,元素 2,元素 3,...]
```

【说明】

(1) 列表中的元素可以是任意数据类型。

(2) 列表的索引、切片等操作方式均与字符串相同(详情见第 20 课字符串的索引与切片)。

(3) 列表是可变的,即可以删除、添加或修改列表元素。

(4) 可以使用 list()函数将字符串或元组转换为列表。

例如:

```
>>> score = [98,99,95,92,100]          # 定义列表并初始化
>>> score[0]                           # 访问列表中的第 1 个元素
98
>>> score[0] = 90                      # 修改列表的第 1 个元素,即用 90 替换 98
>>> score
[90, 99, 95, 92, 100]                  # 显示更新后的列表
>>> score[::2]                         # 切片操作,返回从左→右步长为 2 的元素
[90, 95, 100]
```

```
>>> del x[1]              #使用del语句删除列表中第2个(下标为1)元素
>>> x
[90, 95, 92, 100]         #显示更新后的列表
>>> list("abcd")          #使用list()函数将字符串转换成列表
['a', 'b', 'c', 'd']
```

2. 列表函数

除了上述列表操作外，Python中还提供了很多与列表操作相关的函数，常见的列表函数如表21.1所示。

表 21.1

函　数	描　述	示　例
len(x)	计算列表的长度 (即元素个数)	>>>x=[1,2,3,4,5] >>> len(x) 5

max(x)	计算并返回列表元素中的最大值	>>> x=[6,3,9,5,7]
		>>> max(x)
		9

min(x)	计算并返回列表元素中的最小值	>>> x=[6,3,9,5,7]
		>>> min(x)
		3

x.append(y)	在列表末尾添加元素	>>> x=["watch"]
		>>> x.append("TV")
		>>> x
		['watch', 'TV']

x.extend(y)	在列表末尾添加列表	>>> x=["take","photos"]
		>>> y=["of","flowers"]
		>>> x.extend(y)
		>>> x
		['take', 'photos', 'of', 'flowers']

x.insert(i,y)	将元素y插入索引下标编号i之前，如果i超过列表索引下标范围，则将元素插入到列表末尾	>>> x=["Jack",180]
		>>> x.insert(1,25)
		>>> x
		['Jack', 25, 180]

x.pop(i)	取出并删除列表索引下标i的元素并将该元素作为结果返回	>>>x=['Jack', 25, 180]
		>>> x.pop(0)
		'Jack'
		>>> x
		[25, 180]

x.remove(y)	移除列表中的元素	>>> x=[1002,"Jimmy",[15,145]]
		>>> x.remove(x[2])
		>>> x
		[1002, 'Jimmy']

续表

函　　数	描　　述	示　　例

x. reverse()	倒置列表中的元素	>>> x=["reading","some","do"]
		>>> x. reverse()
		>>> x
		['do', 'some', 'reading']

sort()	将列表元素从小到大排序	>>> x=[2,9,6,5,7]
		>>> x. sort()
		>>> x
		[2, 5, 6, 7, 9]

sum()	计算列表各元素之和	>>> x=[1,3,5,7,9]
		>>> sum(x)
		25

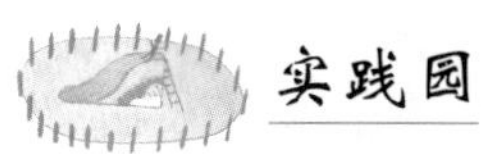

实践园

阅读下列程序,写出结果。

```
>>> x = ["I","am","good","at"]
>>> x.append("programming!")
>>> print(x)
```

PYTHON 第22课 元　组

了解定义元组的一般格式。

元组

元组与列表一样，也是一组有序存储的数据。元组的数据元素必须放在小括号中（在没有歧义的情况下，小括号可以省略），以逗号分隔开。

定义元组的一般格式如下。

```
元组名称 = (元素 1,元素 2,元素 3...)
```

【说明】

(1) 与列表类似，元组具有列表的大多数特点。如元组中的元素可以是任意数据类型，元组的索引、切片等操作均与列表相同。

(2) 与列表不同的是，元组元素是不可变的，不能删除、添加或修改元素。因此元组可以看作是只读（不可变）列表。

(3) 可以使用 tuple() 函数将列表转换为元组。

例如：

```
>>> x = (2,)                   # 当元组中仅含一个元素时,末尾加逗号以消除歧义
>>> x
(2,)
>>> student = (1002,"陈荣","五年级",12,[95,96,90])       # 定义元组并初始化
>>> student[0]                 # 访问元组中的第 1 个元素
1002
>>> student[1:3]               # 切片操作,返回索引下标从 1→3(不包含 3)的字符串
('陈荣', '五年级')
```

```
>>> len(student)          #计算元组的长度,即元组元素个数
5
>>> score = [98,90,95,92,100]
>>> tuple(score)          #使用tuple()函数将列表转换为元组
(98, 90, 95, 92, 100)
```

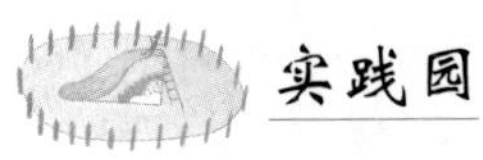

实践园

说一说列表与元组的区别。

PYTHON 第23课 字　　典

了解定义字典的一般格式。

映射(在数学里)是指两个元素的集合之间元素相互“对应”的关系。

字典就是一种无序的映射集合。字典由一系列“键:值”对组成,键值之间用冒号分隔开。字典的“键值对”必须放在大括号中,每组“键值对”以逗号分隔开。

定义字典的一般格式如下。

```
字典名称 = {键 1:值 1,键 2:值 2,键 3:值 3,...}
```

【说明】

(1) 字典是一个无序的“键:值”对集合。其中“键”必须是不可变的数据类型,而“值”可以是任意数据类型。

(2) 在同一个字典中,“键”必须是唯一的,而“值”是可以重复的。

(3) 因字典无序的特性,故不能像字符串、列表、元组等一样使用索引和切片操作。字典通过“键”来获取“值”。

(4) 字典长度是可变的,即可以进行添加或删除“键:值”对。

(5) 可以使用 dict()函数定义字典。

例如:

```
>>> Charles = {"学号":1003,"语文":95,"数学":100,"英语":98}
>>> Charles
{'学号': 1003, '语文': 95, '数学': 100, '英语': 98}
>>> Charles["学号"]            #通过键"学号"来索引值"1003"
```

```
1003
>>> Charles["语文"] = 90        #修改值
>>> Charles["语文"]
90
>>> del Charles["英语"]         #使用del语句删除字典元素
>>> Charles
{'学号': 1003, '语文': 90, '数学': 100}
```

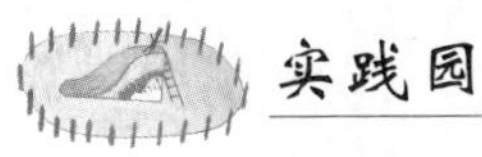

实践园

说一说如何获取字典元素的值。

PYTHON 第24课 集 合

(1) 了解定义集合的一般格式。

(2) 了解集合的四种基本运算。

集合

1. 集合的定义

集合是一个无序且不包含重复元素的序列。同字典元素一样,集合的元素必须放在大括号中,但如须定义一个空集合,则必须使用 set()函数而不是大括号(因为大括号是用来定义个空字典的)。

定义集合的一般格式如下。

```
集合名称 = {元素 1,元素 2,元素 3,...}
```

【说明】

(1) 集合中的元素是不可重复的,元素类型只能是固定数据类型。如整型、浮点型、字符串、元组等,而列表、字典以及集合本身都是可变数据类型,故不能作为集合的元素。

(2) 同字典一样,因集合是无序序列,故不能使用索引和切片操作。

(3) 集合中的元素可以动态增加或删除。

(4) 可以使用 set()函数将字符串、列表、元组或字典等其他数据类型转换为集合类型。

例如:

```
>>> color = {"red","orange","yellow","green","red","yellow"}
>>> color                  #输出去重后的各元素
{'yellow', 'red', 'orange', 'green'}
```

```
>>> set("apple")        #将字符串转换为集合
{'a', 'l', 'p', 'e'}    #从结果可以看出集合是一个无序且不包含重复元素的序列
>>> set({})             #定义一个空集合
set()
```

2. 集合的基本运算

集合类型有 4 种基本操作，分别是交集(&)、并集(|)、差集(—)和补集(^)。以集合 A={1,2,3,4,5,6}和 B={4,5,6,7,8,9}为例，集合 A 和 B 的运算如表 24.1 和图 24.1 所示。

表 24.1

运算符名称	描述	示例
交集(&)	求出两个集合中的共同元素	>>> A&B {4, 5, 6}
并集(|)	求出两个集合中的全部元素	>>> A|B {1, 2, 3, 4, 5, 6, 7, 8, 9}
差集(—)	将集合 A 中为集合 B 的元素从集合 A 中删除	>>> A—B {1, 2, 3}
补集(^)	求出两个集合中所独有的元素	>>> A^B {1, 2, 3, 7, 8, 9}

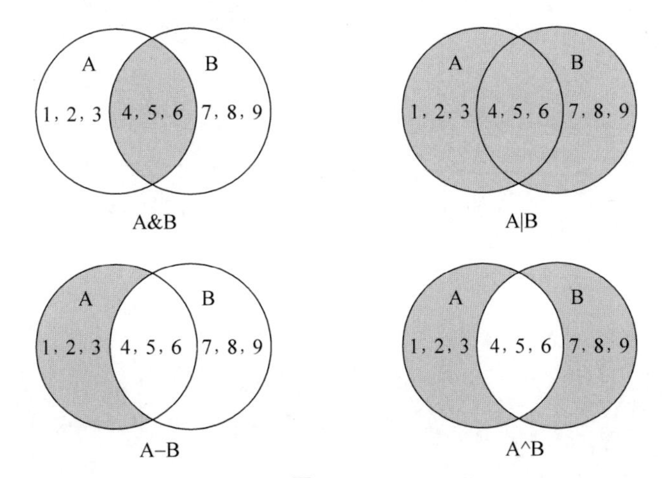

图 24.1

【例 24.1】 集合运算示例。

```
>>> A = set("248101214161820")
>>> B = set("135791113151719")
>>> print("集合 A: ",A)
集合 A: {'2', '4', '8', '0', '1', '6'}
>>> print("集合 B: ",B)
集合 B: {'9', '7', '5', '3', '1'}
```

```
>>> print("A&B: ",A&B)              #求交集运算
A&B: {'1'}
>>> print("A|B: ",A|B)              #求并集运算
A|B: {'2', '4', '9', '7', '8', '0', '5', '1', '3', '6'}
>>> print("A-B: ",A-B)              #求差集运算
A-B: {'2', '4', '8', '0', '6'}
>>> print("A^B: ",A^B)              #求补集运算
A^B: {'2', '5', '6', '4', '9', '7', '8', '0', '3'}
```

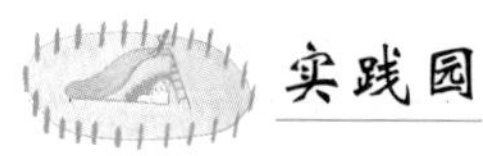

实践园

说一说字典与集合的区别。

Chapter 7

第7章

函数

在程序设计过程中，我们时常会发现实现某一功能的程序段会被重复使用。如在一段长程序中，需要多次利用海伦公式求三角形的面积。如果在每次需要求三角形面积时，都把海伦公式的那段程序段重新编写一遍，程序不但会变得烦琐复杂，还会造成内存空间的浪费。能否只编写一次海伦公式的程序段，就能实现随处可用呢？

本章将介绍的函数可以解决上述问题。当然，函数的功能不仅是可以减少重复工作，它还能解决下面的问题。例如，当遇到需要编写一个庞大且复杂的程序时，想要从头至尾一下子编写出来是非常困难的。一般情况下，会将这个庞大且复杂的问题分解成多个相对简单的子问题，子问题又可以进一步分解成更小的子问题……一个个子问题就可以用一个个函数实现，这就是模块化编程的思想。

Python 中提供了很多内置函数，如数据输入、输出函数 input()、print()、类型转函数 int()、float()等，还提供了很多标准模块函数，如 math 模块中的绝对值函数 abs()、幂函数 pow()、平方根函数 sqrt()等。当然，除此之外，用户还可以根据实际需求自己定义各种函数，这就是自定义函数。

本章将介绍函数的概述、用户自定义函数、函数调用的方法、函数的参数、变量的作用域和递归函数。

第25课 函数的概述

(1) 理解函数的含义以及引入函数的作用。

(2) 了解函数的分类。

1. 函数

在问题求解过程中，常需要多次执行相同或相似的程序块，如例25.1求三个区间的整数和。在程序中，我们重复编写了三段“求和”程序块，分别计算出三个区间的整数和。

试问如果需要求出10个、20个，甚至更多个区间的整数和，我们还会选择这样的方法吗？当然不会，因为大量的重复程序块不仅让程序显得冗长烦琐，而且会大大降低程序效率。那应该如何优化程序呢？此时，就可以将需要反复执行的程序块封装为函数或模块(例25.1的算法2)，以便需要时进行调用。

“函数”一次词是从英文function(意为功能)翻译而来，即一个函数能实现一个特定的功能。

【例25.1】 编程计算15～55、150～550和1500～5500三个区间的所有整数和。

算法1：编写程序如图25.1所示。

算法2：编写程序如图25.2所示。

```
例25.1.py - \\Mac\Home\Desktop\python \第25课\例25.1.py (3.8.2)
File Edit Format Run Options Window Help
#求出15到55的和
sum=0
a=15
b=55
for i in range(a,b+1):
    sum+=i
print(sum)

#求出150到550的和
sum=0
a=150
b=550
for i in range(a,b+1):
    sum+=i
print(sum)

#求出1500到5500的和
sum=0
a=1500
b=5500
for i in range(a,b+1):
    sum+=i
print(sum)
Ln: 23 Col: 10
```

图 25.1

```
例25.1.2.py - \\Mac\Home\Desktop\python\第25课\例25.1.2.py (3.8.2)
File Edit Format Run Options Window Help
def sum(a,b):                #定义函数
    s=0
    for i in range(a,b+1):
        s+=i
    return s

print(sum(15,55))            #调用函数
print(sum(150,550))          #调用函数
print(sum(1500,5500))        #调用函数
Ln: 10 Col: 0
```

图 25.2

【运行结果】

```
1435
140350
14003500
```

2. 引入函数的作用

1）有利于代码重用，提高程序的效率

在编写程序时，常常会发现完成某一功能的程序段会被重复使用。此时，可以将这些程序段作为相对独立的整体，给它起一个函数名。在程序中出现该程序段的地方，只需要写上其函数名即可实现相应的功能。这样既可以减少重复代码的编写，也可以提高程序运行的效率。

2）模块化程序设计，便于阅读和管理

按照模块化程序设计思想，将一个程序划分成若干个函数（或程序）模块，每一个函数模

块都完成一部分功能。不同的函数模块，甚至可以交给不同的人合作完成，这样方便编写与阅读、管理与调试等。

3. 函数的分类

在 Python 中，我们使用到的函数库可以分为内置函数、标准函数库和第三方库、自定义函数三类。

1）内置函数

内置函数是 Python 自带的函数，使用这些函数不需要引用库，可以直接使用。Python 共提供了 68 个内置函数。常见的内置函数有 input()、print()函数等。

2）标准函数库和第三方库

标准函数库和第三方库不是 Python 自带的函数，需要导入后才可以使用库中的函数。如 sqrt()平方根函数，使用时必须导入 math 库，即 import math。

3）自定义函数

虽然 Python 提供了内置函数、标准库和第三方库等函数库，但仍无法满足所有用户的需求。所以，人们就会根据实际需求，自己编写相应的函数来实现特定的功能，我们将其称为“自定义函数”。通常情况下，我们通过 def 关键字来自行定义函数。

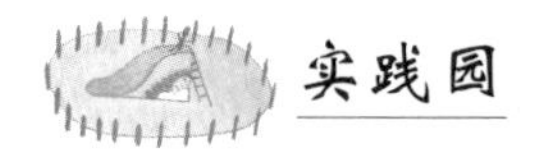

说一说引入函数的作用。

PYTHON 第 26 课　函数的定义

掌握定义函数的格式。

函数的定义
什么是自定义函数？
自己编写函数来实现特定的功能称为自定义函数。

定义函数的一般格式如下。

```
def 函数名(参数列表):
    函数体
    return 返回值
```

【说明】

(1) def 是自定义函数的关键字。

(2) 函数名的命名规则和变量名的命名规则一样。一个好的函数名应当尽量做到“见名知义”。

(3) 参数列表中的参数可以是 0 个,也可以是多个。如果是多个参数,参数之间用逗号隔开。这里参数列表称为形式参数。

(4) 函数体可以是一条语句,也可以是多条语句。相对于 def 关键字,函数体必须注意要有一定的缩进量。

(5) 函数的返回值可以通过 return 语句返回,其返回值可以是一个或多个,如果是多个返回值,则返回值间以逗号分隔开,函数也可以没有返回值。

【例 26.1】 定义一个没有返回值的无参函数示例,如图 26.1 所示。

例26.1.py - \\Mac\Home\Desktop\python\第26课\例26.1.py (3.8.2)

File Edit Format Run Options Window Help

```
def star():     #定义star函数
    print("************************")


star()          #调用star函数
print("《Python编程与计算思维》")
star()          #调用star函数
```

Ln: 7 Col: 0

图 26.1

【运行结果】

```
************************
《Python 编程与计算思维》
************************
```

【程序说明】

def 关键字所在行行尾的冒号不能少。

【例 26.2】 定义一个有返回值的有参函数示例，如图 26.2 所示。

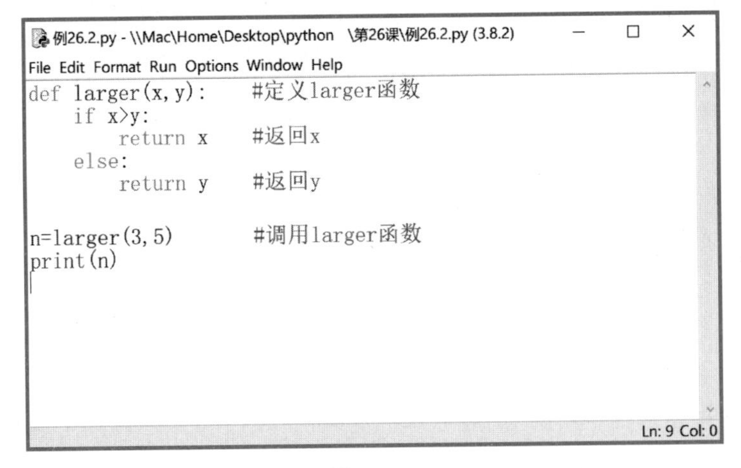

```
def larger(x,y):      #定义larger函数
    if x>y:
        return x      #返回x
    else:
        return y      #返回y

n=larger(3,5)         #调用larger函数
print(n)
```


图 26.2

【运行结果】

```
5
```

【程序说明】

自定义函数 larger()的返回值由 return 语句返回。

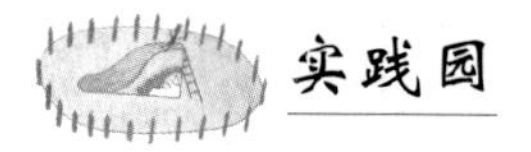

实践园

编程输出下列星形三角形，如图 26.3 所示。

```
    *
   ***
  *****
 *******
*********
    *
   ***
  *****
 *******
*********
    *
   ***
  *****
 *******
*********
```

图 26.3

PYTHON 第 27 课　函数的调用

(1) 掌握函数调用的格式。

(2) 理解调用与返回过程。

(3) 理解函数的嵌套调用。

在定义一个函数后，就可以在之后的程序中调用这个函数。函数调用是通过函数名进行的。

1. 函数调用

函数调用的一般格式如下。

```
函数名(参数列表)
```

【说明】

(1) 函数在调用前，必须先定义。

(2) 定义函数使用的参数列表值是不确定的，因此称为形式参数，简称形参；而函数调用使用的参数列表值是确定的，因此称为实际参数，简称实参。

(3) 函数的调用可以是单独一条语句(如例 26.1 中的 star()函数)，也可以出现在表达式中(如例 26.2 中的语句 n=larger(3,5))。

【例 27.1】 编程输出 10～100 之间的所有质数，如图 27.1 所示。

例27.1.py - \\Mac\Home\Desktop\python\第27课\例27.1.py (3.8.2)

File Edit Format Run Options Window Help

```
def prime(x):                    #定义prime函数
    num=0
    for i in range(2,x):
        if x%i==0:
            num+=1               #语句1
    if num==0:
        return True              #语句2
    else:
        return False             #语句3

for i in range(10,101):
    if prime(i)==True:           #调用prime函数
        print(i,end=" ")
```

Ln: 14 Col: 0

图 27.1

【运行结果】

```
11  13  17  19  23  29  31  37  41  43  47  53  59  61  67  71  73  79  83  89  97
```

【程序说明】

程序中的语句 1：num 用来记录当前数约数的个数；语句 2：如果约数个数为 0，则将 True 作为函数的返回值；语句 3：如果约数个数不为 0，则将 False 作为函数的返回值。

2. 函数调用与返回过程

函数调用与返回过程(以例 27.1 为例)如图 27.2 所示。

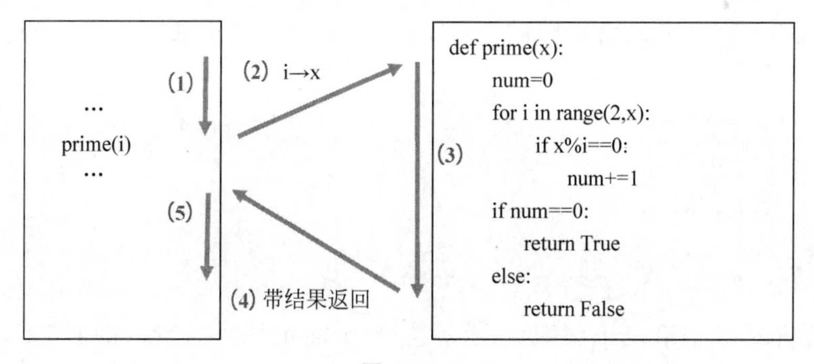

图 27.2

3. 嵌套调用

嵌套调用就是在一个函数体内可以调用另外一个函数。

【例 27.2】 编程计算 $1+(1+2)+(1+2+3)+\cdots+(1+2+3+\cdots+n)$ 的和，如图 27.3 所示。

```
def sum1(n):           #定义sum1函数
    s=0
    for i in range(1,n+1):
        s+=i
    return s


def sum2(n):           #定义sum2函数
    s=0
    for i in range(1,n+1):
        s+=sum1(i)     #调用sum1函数
    return s

#主程序
n=int(input("请输入n的值："))
sum=sum2(n)            #调用sum2函数
print("累加和为：",sum)
```

图 27.3

【运行结果】

```
请输入 n 的值: 50
累加和为: 22100
```

【程序说明】

本例题中嵌套调用的过程是：主程序调用 sum2 函数，sum2 函数调用 sum1 函数。

实践园

(1) 输入一个整数 n，求出 n!（n! $=1*2*3*\cdots*n$）。要求定义一个函数来计算阶乘。

【样例输入】

```
10
```

【样例输出】

```
3628800
```

(2) 求阶乘的和。给定正整数 n，求不大于 n 的正整数的阶乘的和（即求 1!+2!+3!+…+n!）

输入：输入有一行，包含一个正整数 n。

输出：输出有一行，阶乘的和。

【样例输入】

```
5
```

【样例输出】

```
153
```

PYTHON 第 28 课　函数的参数

（1）理解形式参数与实际参数。

（2）理解参数传递的方式。

在调用函数时，大多数情况下，主调函数和被调用函数之间会发生数据传递关系，函数的参数就是函数与函数之间实现数据传递的“接口”。

1. 函数的参数

函数的参数有形式参数和实际参数两种。

1）形式参数

形式参数是指形式上存在的参数，简称形参。在定义函数时的参数列表指的就是形式参数。

2）实际参数

实际参数是指实际上存在的参数，简称实参。在调用函数时的参数列表指的就是实际参数。也就是说，在实际调用函数时，传递给函数的参数的值。

2. 参数的传递方式

在函数调用过程中，主调用函数会根据不同的参数类型，将实参的值传递给形参，从而实现参数的传递。在 Python 中，我们可以使用不同的参数形式来调用函数。常见的有位置参数、关键字参数、默认值参数、可变长度的参数（本书不作介绍）等。

1）位置参数

位置参数是指函数调用时，实参按顺序将值一一传递给相对应位置上的形参，且两者的数量和顺序必须保持一致。

【例 28.1】 使用位置参数的传递方式示例如图 28.1 所示。

```
例28.1.py - \\Mac\Home\Desktop\python \第28课\例28.1.py (3.8.2)
File Edit Format Run Options Window Help
def fun(a,b,c):      #定义fun函数
    return (a+b)*c

s=fun(1,2,3)         #调用fun函数
print(s)
Ln: 6 Col: 0
```

图 28.1

【运行结果】

```
9
```

【程序说明】

从本例的程序中可以看出,主调程序将实际参数(1,2,3)按顺序一一传递给被调函数的形式参数(a,b,c)。

2) 关键字参数

关键字参数通过形参的名称来传递数值,即无须考虑定义函数时各形参的位置和顺序。这一方式使函数的调用和参数传递更加灵活方便。

【例 28.2】 使用关键字参数的传递方式示例如图 28.2 所示。

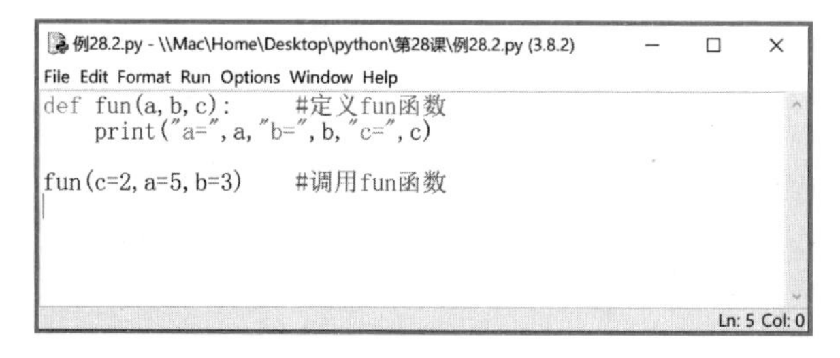
例28.2.py - \\Mac\Home\Desktop\python\第28课\例28.2.py (3.8.2)
File Edit Format Run Options Window Help
def fun(a,b,c):   #定义fun函数
print("a=",a,"b=",b,"c=",c)
fun(c=2,a=5,b=3)   #调用fun函数
Ln: 5 Col: 0

图 28.2

【运行结果】

```
a= 5 b= 3 c= 2
```

3) 默认值参数

默认值参数是指在定义函数时就设定参数的值,当调用该函数时,如果不提供参数的值,就取默认值。

【例 28.3】 使用默认值参数的传递方式示例如图 28.3 所示。

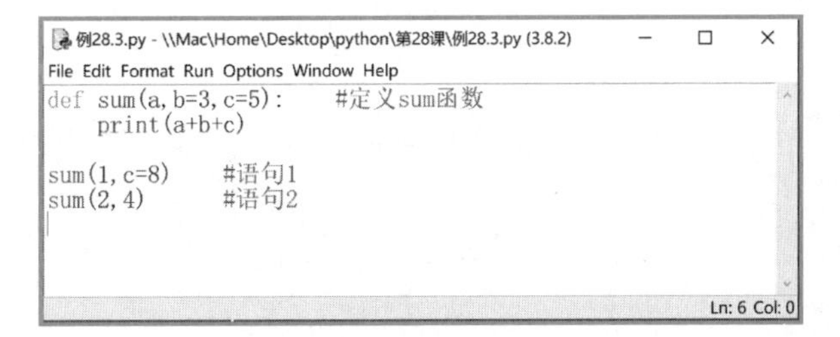

图 28.3

【运行结果】

```
12
11
```

【程序说明】

程序中的语句 1：按顺序传递参数值 a=1，b 使用默认值 3，c 使用关键字传递参数值 c=8；语句 2：按顺序传递参数值 a=2，b=4，c 使用默认值 5。

注意：在定义函数时，如果某个形参指定了默认值，那么该形参后的所有参数都必须指定默认值；否则系统将会报错，如图 28.4 所示，因自定义函数 sum 中的形参 c 未指定默认值而导致程序无法正常运行。

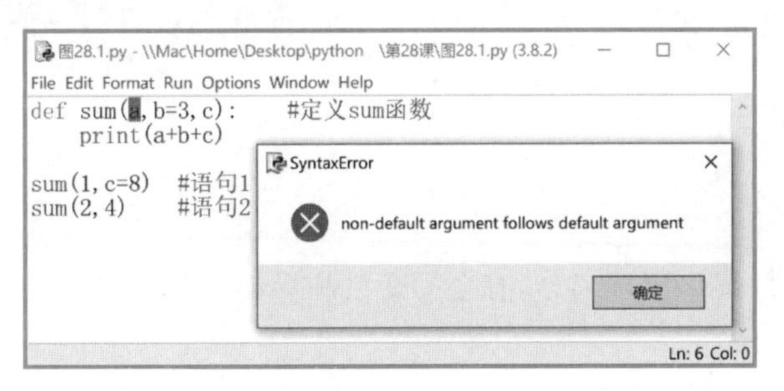

图 28.4

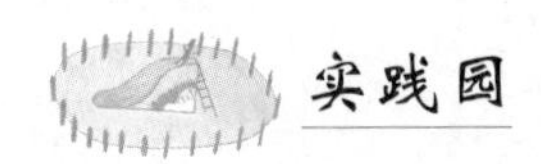

实践园

请写出图 28.5 所示程序的运行结果。

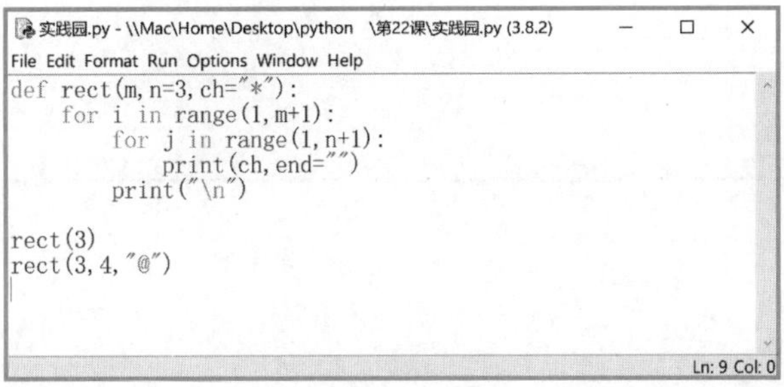

```
def rect(m, n=3, ch="*"):
    for i in range(1, m+1):
        for j in range(1, n+1):
            print(ch, end="")
        print("\n")

rect(3)
rect(3, 4, "@")
```

图 28.5

第 29 课　变量的作用域

(1) 理解变量的作用域。

(2) 掌握局部变量和全局变量的应用。

变量的作用域

1. 变量的作用域

Python 中的变量按作用域来分,有全局变量和局部变量两种。

【例 29.1】 全局变量和局部变量的使用示例如图 29.1 所示。

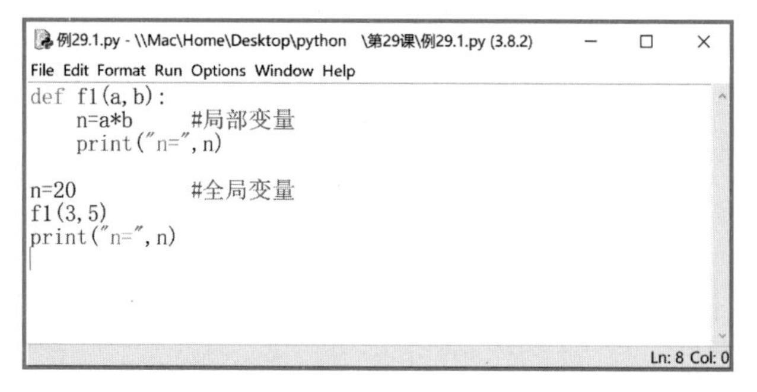

```
def f1(a,b):
    n=a*b       #局部变量
    print("n=",n)

n=20            #全局变量
f1(3,5)
print("n=",n)
```

图 29.1

【运行结果】

```
n= 15
n= 20
```

【程序说明】

自定义函数 f1()和主程序中均使用了变量名 n,从运行结果可以看出,不同作用域内变量名可以相同,互不影响。

2. 全局变量

在函数外部定义的变量称为全局变量,其作用域是整个程序。

【例 29.2】 函数体内全局变量的使用示例如图 29.2 所示。

```
def f1():
    m=3        #局部变量
    x=m+n      #语句1
    print("x=",x)

n=20           #全局变量
f1()
print("n=",n)
```

图 29.2

【运行结果】

```
x= 23
n= 20
```

【程序说明】

程序中的语句 1: 使用局部变量 m 的值与全局变量 n 的值相加,再将结果赋值给局部变量 x。

我们还可以在函数体内使用 global 关键字对全局变量重新赋值,一般格式如下。

```
global 变量
```

【例 29.3】 global 关键字的使用示例如图 29.3 所示。

```
def f1(a,b):
    global n    #使用全局变量n
    n=a*b       #对n重新赋值a*b

#主程序
n=20            #全局变量
print("n=",n)
f1(3,5)         #调用f1函数
print("n=",n)
```

图 29.3

【运行结果】

```
n= 20
n= 15
```

【程序说明】

在 f1()函数中使用 global 关键字为全局变量 n 重新赋值为 a * b。从运行结果可以看出，全局变量 n 的值由原值 20 更新为 15。

3. 局部变量

在函数内部定义的变量称为局部变量，其作用域是函数体内部，形参也是局部变量。

注意：不同函数内部定义的局部变量和全局变量可以同名，但它们分别代表不同的对象；当局部变量和全局变量重名时，在函数内部优先访问的是局部变量。

【例 29.4】 局部变量的使用示例如图 29.4 所示。

例29.4.py - \\Mac\Home\Desktop\python \第29课\例29.4.py (3.8.2)

File Edit Format Run Options Window Help

```
#f1函数中局部变量有a, b, x
def f1(a,b):
    x=a+b
    return x

#f2函数中局部变量有a, b, x
def f2(a,b):
    x=a*b
    return x

m=f1(3,5)
n=f2(3,5)
print("m=",m)
print("n=",n)
```

Ln: 15 Col: 0

图 29.4

【运行结果】

```
m= 8
n= 15
```

【程序说明】

从程序中可以看出，不同函数的同名局部变量互不影响，函数调用结束时局部变量将自动删除。

注意：一般情况下，局部变量的引用速度比全局变量快，因此，应优先考虑局部变量的使用，而尽量避免过多地使用全局变量。

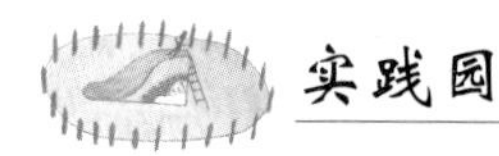

实践园

说一说全局变量和局部变量的区别。

PYTHON 第30课 递归函数

(1) 理解递归函数的定义。

(2) 理解递归函数的递归调用。

1. 递归函数的定义

一个函数直接调用(图 30.1)或间接调用(图 30.2)了函数自身,则该函数被称为递归函数,即调用自身的函数称为递归函数。

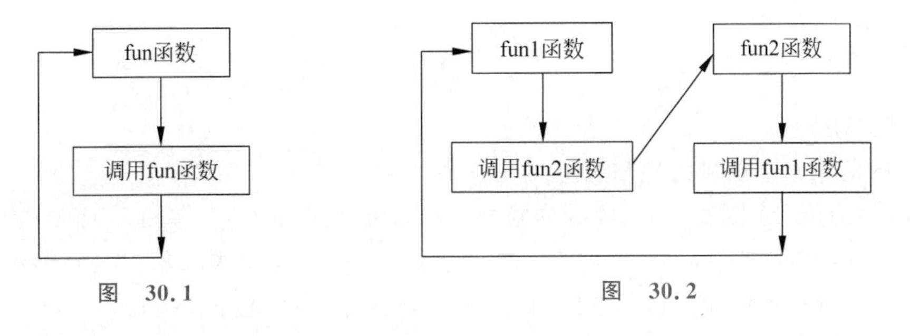

图 30.1　　　　图 30.2

递归函数一定要有一个或多个终止递归的条件,满足此条件时,函数就返回,不再调用自身;否则,递归函数将无休止地递归下去。

归纳起来,递归函数有以下两大要素。

(1) 递归公式:将需要求解的问题转化成本质相同但规模更小的子问题,再用子问题的答案得到原问题的答案。

(2) 递归边界:必须要有一个明确的递归终止条件。换句话说,也就是当子问题的规模足够小,可以直接计算出问题的答案,此时就不需要再递归了,这就是递归的边界。

【例 30.1】 用递归函数 $f(n)$求 n 的阶乘。

阶乘函数 $f(n)=n!$ 可以定义为递归函数：

$$f(n)=\begin{cases}1 & (n=1)\\ n*f(n-1) & (n>1)\end{cases}$$

其中，$f(1)=1$ 为递归边界，$f(n)=n*f(n-1)$为递归公式。程序如图 30.3 所示。

```
例30.1.py - \\Mac\Home\Desktop\python  \第30课\例30.1.py (3.8.2)
File Edit Format Run Options Window Help
#定义f递归函数
def f(n):
    if n==1:
       return 1
    else:
       return f(n-1)*n

#主程序
n=int(input("请输入整数n："))
print(n,"的阶乘为：",f(n))     #调用f递归函数

Ln: 11 Col: 0
```

图 30.3

【运行结果】

```
请输入整数 n: 4
4 的阶乘: 24
```

【程序说明】

求 n 的阶乘具有明显的递归思想。

以 $f(4)$为例，要求出 $f(4)$，需要先求出 $f(3)$，因为 $f(4)=4*f(3)$；而要求出 $f(3)$，又要先求出 $f(2)$，因为 $f(3)=3*f(2)$；而要求出 $f(2)$，又要先求出 $f(1)$，因为 $f(2)=2*f(1)$；而 $f(1)$是已知的边界条件，$f(1)=1$，再逐层返回，求出 $f(4)$。

2. 递归函数的调用过程

递推递归函数的调用过程(仍以 $f(4)$为例)如图 30.4 所示。

由图 30.4 可知，一个递归问题可以分为递推和回归两个阶段。要经历许多步才能得到最终的值。

递归是一种典型的算法，使用递归算法虽然能使程序代码简单易读，但会产生相当大的系统开销。因此，在解决实际问题时，应根据问题的本质决定是否使用递归算法解决问题。

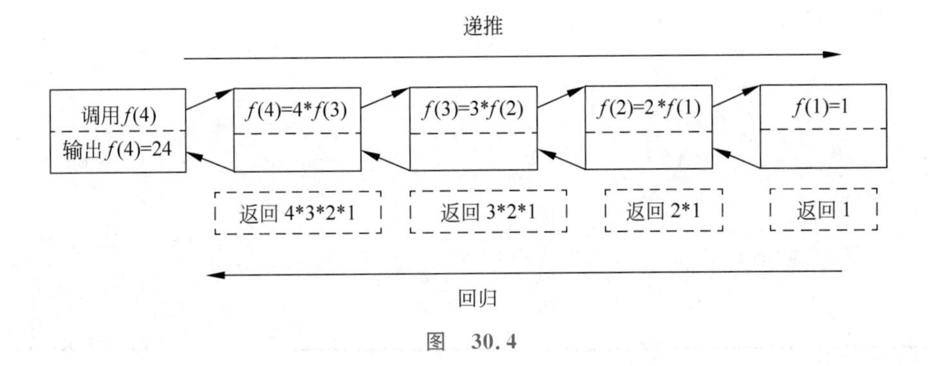

图 30.4

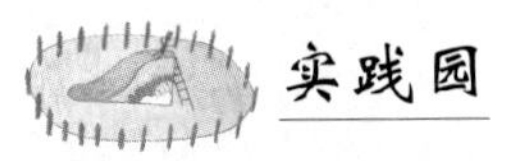

实践园

用递归算法求斐波那契数列第 n 项($n \leqslant 20$)。

Chapter 8

第8章

常用的经典算法

我们在学习编程过程中掌握一些常用的经典算法，不仅有助于提高分析问题和解决问题的能力，还有利于促进自身计算思维的形成。所谓经典算法，之所以经典，是因为它不仅用于解决某一个问题，而是可以用来解决某一类问题。更重要的是，这些经典算法的基本思想很好地诠释了计算思维的本质和内涵。

本章主要介绍五种常用的经典算法：枚举法（百钱买百鸡问题）、递推法（猴子吃桃子问题）、递归法（汉诺塔问题）、排序法（冒泡排序法、选择排序法）、查找法（顺序查找法、二分查找法）。

PYTHON 第31课 枚举法

(1) 掌握枚举算法的含义及其基本思路。

(2) 学会使用枚举算法解决百钱买百鸡问题。

枚举法

枚举法又称穷举法、列举法、暴力破解法,就是将问题所有可能的答案一一列举,然后逐个判断有哪些答案符合问题所要求的条件,从而得到问题的答案。

用枚举算法求解问题的基本思路如下。

(1) 列举待求问题所有可能的解。

(2) 根据约束条件得到问题的解。

【例 31.1】 我国古代数学家张丘建在《孙子算经》一书中曾提出过著名的“百钱买百鸡”问题,该问题叙述如下:鸡翁一,值钱五;鸡母一,值钱三;鸡雏三,值钱一;百钱买百鸡,则翁、母、雏各几何?

意思是:一只公鸡五块钱,一只母鸡三块钱,三只小鸡一块钱,现在要用一百块钱买一百只鸡,问公鸡、母鸡、小鸡各多少只?

【分析问题】

(1) 列出待求解问题所有可能解的范围。

假设用百钱只买公鸡,最多可以买 20 只,因此购买公鸡的数量范围为 0～20 只。同样,假设只买母鸡,最多可以买 33 只,因此购买母鸡的数量范围为 0～33 只。假设只买小鸡,最多可以买 300 只,但题目求购买鸡的总量为 100 只,因此购买小鸡的数量范围为 0～100 只。

(2) 列出待求解问题的约束条件。

假设购买公鸡 x 只，母鸡 y 只，小鸡 z 只，可根据题意得到以下约束条件：

$$\begin{cases} x + y + z = 100 \\ 5x + 3y + \dfrac{z}{3} = 100 \end{cases}$$

【设计算法】

根据以上问题分析，本题可以利用枚举循环的方法来解决，也就是通过对变量(x、y、z)在可变范围内的枚举，验证方程在什么情况下(x、y、z 分别是多少时)成立，使得方程成立的(x、y、z 的值)就是所求解。

因此，我们可以构造三层循环来解决问题：第一层循环控制公鸡的数量范围(0～20)；第二层循环控制母鸡的数量范围(0～33)；第三层循环控制小鸡的数量范围(0～100)。

使用枚举算法 1(列举待求问题所有可能的解)的步骤如下。

(1) x 从 0 循环到 20。

(2) 对于每一个 x，依次让 y 从 0 循环到 33。

(3) 对于每一个 y，依次让 z 从 0 循环到 100。

(4) 在循环中，如果约束条件 $5x+3y+\dfrac{z}{3}=100$ 和 $x+y+z=0$ 同时成立，就得到了问题的解，即此时的 x、y、z 的值就是问题的解，输出 x、y、z 即可。

(5) 重复步骤(2)～(4)，直到循环结束。

【编写程序】

根据以上算法描述，可编写程序如图 31.1 所示。

```
百钱买百鸡算法1.py - \\Mac\Home\Desktop\python \第31课\百钱买...
File Edit Format Run Options Window Help
for x in range(0,21):
    for y in range(0,34):
        for z in range(0,101):
            if x+y+z==100 and 5*x+3*y+z/3==100:
                print(("x=%d, y=%d, z=%d")%(x,y,z))

Ln: 6 Col: 0
```

图 31.1

【运行结果】

```
x = 0, y = 25, z = 75
x = 4, y = 18, z = 78
x = 8, y = 11, z = 81
x = 12, y = 4, z = 84
```

【程序说明】

该例题使用一个三层循环的程序解决问题。共循环了 72114 次($21 \times 34 \times 101 = 72114$)，而问题的解远远小于这个数字——只有 4 组解。显然该算法并不算简便，那么如何减少循环次数，提高效率呢？我们知道对于购买的三种鸡(公鸡、母鸡和小鸡)的种类，只要确定了其中任意两种，第三种也将随之确定。因此，可以假设确定购买公鸡为 x 只，母鸡为 y 只，那么购买小鸡的数量 $z=100-x-y$。因此，可以构造两次层循环来解决问题，第一层循环控制公鸡的数量范围(0～20)；第二层循环控制母鸡的数量范围(0～33)。

使用枚举算法2(根据约束条件得到问题的解)的步骤如下。

(1) x 从0循环到20。

(2) 对于每一个 x，依次让 y 从0循环到33。

(3) 在循环中，根据上述的每一个 x 和 y 的值，计算一次 $z=100-x-y$。

(4) 如果 $5x+3y+\frac{z}{3}=100$ 成立，就得到了问题的解(x、y、z 的值)，输出解即可。

(5) 重复步骤(2)～(4)，直到循环结束。

根据以上算法描述，可编写程序如图31.2所示。

百钱买百鸡算法2.py - \\Mac\Home\Desktop\python \第31课\百钱买...

File Edit Format Run Options Window Help

```
for x in range(0,21):
    for y in range(0,34):
        z=100-x-y
        if 5*x+3*y+z/3==100:
           print(("x=%d,y=%d,z=%d")%(x,y,z))
```

Ln: 6 Col: 0

图 31.2

【运行结果】

```
x = 0, y = 25, z = 75
x = 4, y = 18, z = 78
x = 8, y = 11, z = 81
x = 12, y = 4, z = 84
```

【程序说明】

该算法共循环了714次(21×34=714)。相对枚举算法1而言，循环次数已经大大减少，程序效率显著提高。

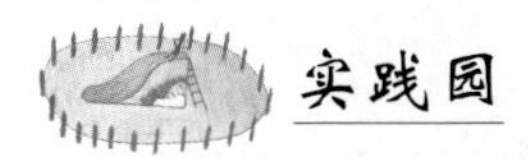

实践园

(1) 请用枚举算法求水仙花数。水仙花数是一类特殊的三位数，它们每一个数位上的数字的立方和恰好等于这个三位数本身。如 $153=1^3+5^3+3^3$，153就是一个水仙花数。

(2) 请用枚举算法求解鸡兔同笼问题。笼子里有若干只鸡和兔。从上面数，有35个头，从下面数，有94只脚。鸡和兔各有几只？

PYTHON 第32课 递推法

导学牌

(1) 掌握递推算法的含义及其满足条件。

(2) 学会使用递推算法解决斐波那契数列和猴子吃桃子问题。

递推法
你听说过枚举算法吗?
当然听说过呀，本节课我们一起来学习吧!

递推法又称迭代法、辗转相除法，是一种不断用变量的旧值递推新值的过程。递推法分顺推法和倒推法两种。从已知条件出发，逐步推算出要解决问题的方法，称为顺推法。相反，从已知问题的结果出发，用递推表达式逐步推算出问题的开始条件，称为倒推法。

归纳起来，满足递推算法的两大条件如下。

(1) 边界条件。必须要有一个明确的初始或终止条件。

(2) 递推公式。从变量的旧值推出新值的公式。递推公式是解决递推问题的关键所在，根据边界条件，顺推或者倒推。

【例32.1】 斐波那契数列是指这样的数列：数列的第一个和第二个数都为1，接下来每个数都等于前面2个数之和。给出一个正整数 k，求出斐波那契数列中第 k 个数是多少。

注： 题目出自 http://noi.openjudge.cn 中1.5编程基础之循环控制/17。

输入： 一行，包含一个正整数 $k(1\leqslant k\leqslant 46)$。

输出： 一行，包含一个正整数，表示斐波那契数列中第 k 个数的大小。

【样例输入】

```
19
```

【样例输出】

```
4181
```

【分析问题】

已知斐波那契数列中前两个数的初始值均为1(边界条件),可以逐步推算出第3、4、5、6……个数,分别是2、3、5、8……从已知初始条件出发,即从第3个数开始,每任意连续3个数都满足:第3个数是前两个数之和,用表达式 $f=f1+f2$ 表示(递推公式),逐步推算出结果,因此本题采用顺推法求解问题。

【设计算法】

使用递推算法之顺推法的步骤如下。

(1) 输入一个整数 k,表示斐波那契数列中的第 k 个数。

(2) 初始值 $f1$、$f2$ 均为1,即斐波那契数列中的第1、2个数均为1。

(3) 从第3个数开始,斐波那契数列中的每一项都可以由前两项推出(每一项是前两项之和)。所以可以利用循环变量 i 从第3个数开始逐个递推,直到递推出斐波那契数列中的第 k 个数是多少。假设第 k 个数为 f,则有 $f=f1+f2$。

(4) 输出斐波那契数列中的第 k 个数。

【编写程序】

根据以上算法描述,可编写程序如图32.1所示。

斐波那契数列.py - \\Mac\Home\Desktop\python\第32课\斐波那契数列....

File Edit Format Run Options Window Help

```
k=int(input())

f1=1
f2=1
f=1

for i in range(3,k+1):
    f=f1+f2     #语句1
    f1=f2       #语句2
    f2=f        #语句3

print(f)
```

Ln: 13 Col: 0

图 32.1

【运行结果】

```
19
4181
```

【程序说明】

程序中的语句1:递推公式;语句2、语句3:不断地更新 $f1$、$f2$ 的值。

【例32.2】 猴子第一天摘了若干个桃子,当即吃了一半,还不解馋,又多吃了一个;第二天早上又将剩下的桃子吃掉一半,还不过瘾,又多吃了一个;以后每天都吃前一天剩下桃子的一半多一个桃子,到第10天想再吃时,只剩下一个桃子了。问第一天猴子共摘了多少个桃子?

【分析问题】

已知第 10 天的桃子数是 1(边界条件),推算出第 9 天的桃子数是 4(第 9 天桃子数是第 10 天桃子数加 1 的 2 倍),第 8 天的桃子数是 10……以此类推,直到推算出第 1 天的桃子数,即从第 10 天开始,每任意连续的 2 天都满足:当天的桃子数是后一天桃子数加 1 的 2 倍,用表达式 x1=2*(x2+1)表示(递推公式),逐步推算出结果,因此本题采用倒推法解决问题。

【设计算法】

使用递推算法之倒推法求解例 32.2 问题的步骤如下。

假设当天的桃子数为 x1,后一天的桃子数为 x2。

(1) 初始值 x2=1,即第 10 天的桃子数。

(2) 利用循环变量从第 9 天逆向递推出第 1 天,在递推过程中满足当天桃子数是后一天桃子数的 2 倍加 1,即 x1=2*(x2+1)。

(3) 输出第 1 天的桃子数。

【编写程序】

根据以上算法描述,可编写程序如图 32.2 所示。

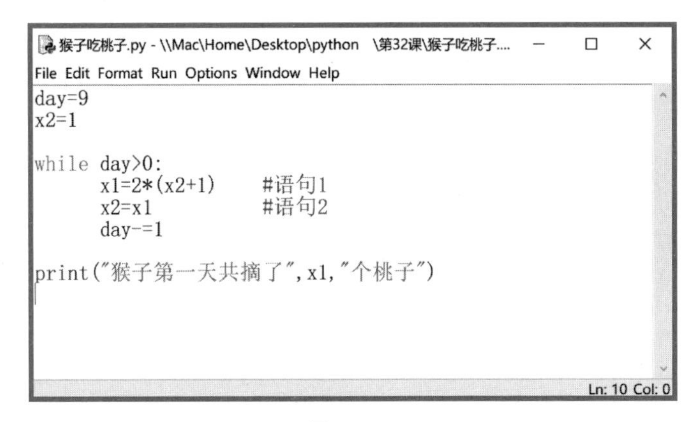

图 32.2

【运行结果】

```
猴子第一天共摘了 1534 个桃子
```

【程序说明】

程序中的语句 1:递推公式;语句 2:不断地更新 x1、x2 的值。

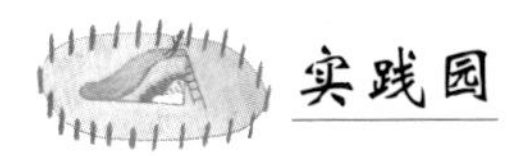

实践园

农夫约翰在去年赚了一大笔钱。他想把这些钱用于投资,并对自己能得到多少收益感到好奇。已知投资的复合年利率为 R($0 \leqslant R \leqslant 20$,整数),且约翰现有总值为 M 的钱($100 \leqslant M \leqslant 1000000$,整数),他清楚地知道自己要投资 Y 年($0 \leqslant Y \leqslant 400$,整数)。请帮助他计算最终他会有多少钱,并输出它的整数部分。

注：题目出自 http://noi.openjudge.cn 中 1.5 编程基础之循环控制/15。

输入：一行，包含三个整数 R、M、Y，相邻两个整数之间用单个空格隔开。

输出：一个整数，即约翰最终拥有多少钱(整数部分)。

【样例输入】

```
5 5000 4
```

【样例输出】

```
6077
```

PYTHON 第33课 递归法

(1) 掌握递归算法的含义及其满足条件。

(2) 学会使用递归算法解决汉诺塔问题。

递归法

你听说过递归算法吗?
当然听说过呀,本节课我们一起来学习吧!

递归算法就是通过函数直接或间接地调用自身。一个递归问题可以分为递推和回归两个阶段。递推阶段使函数的参数值不断地发生变化,直到为一个确定的值为止,这一确定的值即为递归边界;回归阶段是由递归边界逐步推出每一层的函数值,从而得到最终的解。

归纳起来,满足递归算法的两大条件如下。

(1) 递归边界:必须要有一个明确的递归终止条件。换句话说,也就是当子问题的规模足够小,可以直接计算出问题的答案,此时就不需要再递归了,这就是递归的边界。

(2) 递归公式:将需要求解的问题转化成本质相同但规模更小的子问题,再用子问题的答案得到原问题的答案。

【例33.1】 汉诺塔问题。这是一个经典的数学问题:古代有一座梵塔,塔内有3个座A、B、C,A座上有64个盘子,盘子大小不等,大的在下,小的在上。有一个和尚想把这64个盘子从A座移到C座,但每次只允许移动一个盘子,并且在移动过程中,3个座上的盘子始终保持大盘在下,小盘在上。在移动过程中可以利用B座来放盘子,要求输出移动的步骤。

汉诺塔问题示意图如图33.1所示。

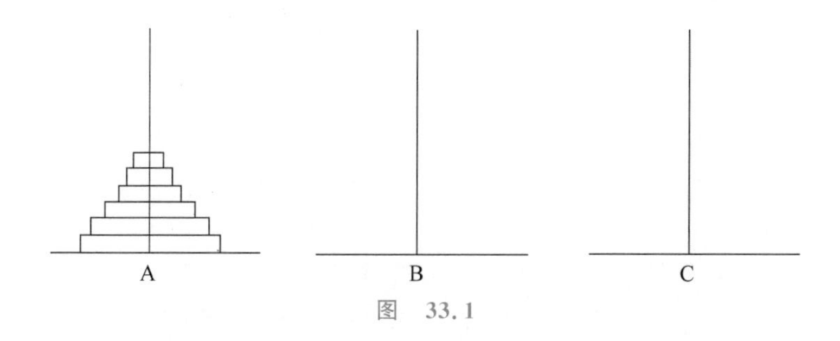

图 33.1

【样例输入】

```
2
```

【样例输出】

```
A-->B
A-->C
B-->C
```

【分析问题】

当盘子数 $n=1$ 时，只需要移动一次：A→C。

当盘子数 $n=2$ 时，初始状态如图 33.2 所示。

需要移动 3 次的移动过程如下，其示意图如图 33.3～图 33.5 所示。

第 1 次：A→B。

第 2 次：A→C。

第 3 次：B→C。

当盘子数 $n=3$ 时，则需要移动 7 次的移动过程如下，其示意图略，可以自行绘制。

第 1 次：A→C。

第 2 次：A→B。

第 3 次：C→B。

第 4 次：A→C。

第 5 次：B→A。

第 6 次：B→C。

第 7 次：A→C。

由以上分析可知：如果盘子数为 n，则移动的次数为 2^n-1。

根据以上问题分析，可写出满足递归的两个条件如下。

(1) 递归边界：当 $n=1$ 时，即仅有一个盘子，直接从 A 移动到 C 上。

(2) 递归公式：先将 $n-1$ 个盘子从 A 移动 B，然后再将一个盘子从 A 移到 C，最后将 $n-1$ 个盘子从 B 移到 C。

【设计算法】

使用递归算法步骤如下。

(1) 确定递归边界，即 $n=1$ 时，直接输出 A-->C。

(2) 将 A 座上的 $n-1$ 个盘子，以 C 座为中转，移到 B 座上，用 Hanoi($n-1$,A,C,B)表示。

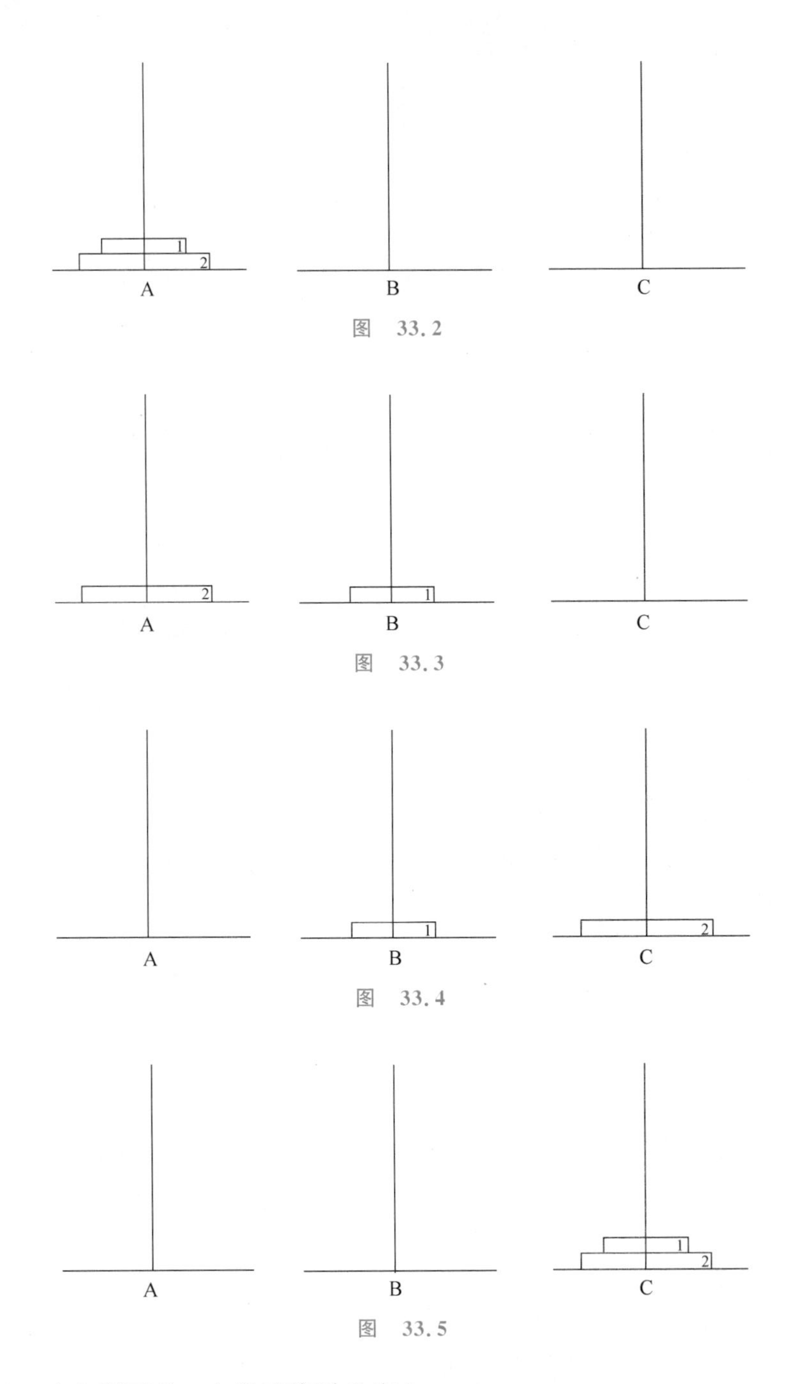

图 33.2

图 33.3

图 33.4

图 33.5

(3) 把 A 座上剩下的一个盘子移到 C 座上。

(4) 将 B 座上 $n-1$ 个盘子，以 A 座为中转，移到 C 座上，用 Hanoi($n-1$,B,A,C)表示。

从上述步骤可知，原问题 Hanoi(n,A,B,C)调用了 Hanoi($n-1$,A,C,B)和 Hanoi($n-1$,B,A,C)，即原问题调用的是和自身本质相同的子问题(规模数少了 1)，不停地递归下去，直到当子问题的规模数为 1 时，只需要一个步骤：把 A 座上的一个盘子直接移动 C 座上。

【编写程序】

根据以上算法描述，可编写程序如图 33.6 所示。

汉诺塔问题.py - \\Mac\Home\Desktop\python \第33课\汉诺塔问题....

File Edit Format Run Options Window Help

```
def Hanoi(n,A,B,C):
    if n==1:
        print(A,"-->",C)      #只有一个盘子时直接从A移到C
        return
    Hanoi(n-1,A,C,B)          #先将n-1个盘子从A移到B
    print(A,"-->",C)          #再将一个盘子从A移到C
    Hanoi(n-1,B,A,C)          #再将n-1个盘子从B移到C

n=int(input())
Hanoi(n,"A","B","C")
```

Ln: 11 Col: 0

图 33.6

【运行结果】

```
2
A-->B
A-->C
B-->C
```

【程序说明】

由于条件是一次只能移动一个盘，且不允许大盘放在小盘上面。所以 64 个盘子的移动次数是 $2^{64}-1=18446744073709551615$。

这是一个天文数字，若每一微秒能计算（并不输出）一次移动，那么也需要几乎一百万年。我们仅能找出问题的解决方法并解决较小 n 值时的汉诺塔问题，但很难用计算机解决 64 层的汉诺塔。

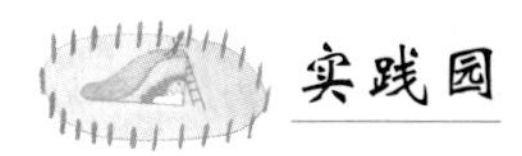

实践园

求年龄。有 5 个学生，问第 5 个学生的年龄，他说比第 4 个学生大 2 岁。问第 4 个学生，他说比第 3 个学生大 2 岁。问第 3 个学生，他说比第 2 个学生大 2 岁。问第 2 个学生，他说比第一个学生大 2 岁。最后问第 1 个学生，他说他 10 岁。请问第 5 个学生多少岁？

PYTHON 第34课 排序法

导学牌

(1) 理解排序的含义。

(2) 掌握冒泡排序算法及其应用。

(3) 掌握选择排序算法及其应用。

排序法
你听说过冒泡排序算法和选择排序算法吗?
当然听说过呀，本节课我们一起来学习吧!

排序就是将输入的数据按照从小到大(或者从大到小)的顺序进行排列。排序算法的种类较多,本课选取了两种经典排序算法,分别是冒泡排序算法和选择排序算法。

1. **冒泡排序算法**

冒泡排序算法就是重复“比较相邻两个数值的大小,根据结果决定是否需要交换这两个数值”这一操作的算法,直到全部待排序的数据排列完毕。在这个过程中,数字会像泡泡一样,慢慢“冒”到序列的一端,所以被称为冒泡排序。

排序过程如下。

初始顺序：8 2 7 5 4 9 6 3　(将按从小到大的顺序排列)

第 1 趟：2 7 5 4 8 6 3【9】　(第 1 趟排序后,最大数 9 冒到序列最右端)

第 2 趟：2 5 4 7 6 3【8 9】　(第 2 趟排序后,最大数 8 冒到序列最右端)

第 3 趟：2 4 5 6 3【7 8 9】　(第 3 趟排序后,最大数 7 冒到序列最右端)

第 4 趟：2 4 5 3【6 7 8 9】　(第 4 趟排序后,最大数 6 冒到序列最右端)

第 5 趟：2 4 3【5 6 7 8 9】　(第 5 趟排序后,最大数 5 冒到序列最右端)

第 6 趟：2 3【4 5 6 7 8 9】　(第 6 趟排序后,最大数 4 冒到序列最右端)

第 7 趟：2【3 4 5 6 7 8 9】　(第 7 趟排序后,最大数 3 冒到序列最右端)

排序完成。

在冒泡排序中(以上述 8 个待排序列为例),第 1 趟需要比较 7 次,第 2 趟需要比较

6次，第3趟需要比较5次……第7趟需要比较1次。因此，总的排序次数为7+6+5+4+3+2+1。换句话说，当n个待排数据使用冒泡排序法进行排序的次数为$(n-1)+(n-2)+(n-3)+\cdots+1\approx n^2/2$。这时比较次数恒定为该数值，和输入数据的排列顺序无关。因此，认为(去掉常系数)冒泡排序的时间复杂度为$O(n^2)$。

【例 34.1】 用冒泡排序法对一组数据(8 2 7 5 4 9 6 3)由小到大进行排序。

【设计算法】

使用冒泡排序法的步骤如下。

(1) 定义列表a并初始化。

(2) 比较相邻的前后两个数据，即a[j]和a[j+1]，如果a[j]>a[j+1]，交换两个数据。

(3) 对列表的第1个数据到第n个数据进行一次遍历后，最大的一个数据就“冒”到数据的第n个位置。

(4) 重复步骤(2)和步骤(3)，直到排序完成。

用两层循环完成算法，外层循环i(如果有n个数据)控制比较$n-1$趟，内层循环j控制每趟比较多少次，每次比较相邻的两个数据，根据结果决定是否交换数据。

【编写程序】

根据以上算法描述，可编写程序如图34.1所示。

冒泡排序.py - \\Mac\Home\Desktop\python \第34课\冒泡排序.py (...

File Edit Format Run Options Window Help

```
a=[8,2,7,5,4,9,6,3]

for i in range(0,len(a)-1):
    for j in range(0,len(a)-1):
        if a[j]>a[j+1]:                    #语句1
            a[j],a[j+1]=a[j+1],a[j]        #语句2

print("a=",a)
```

Ln: 9 Col: 0

图 34.1

【运行结果】

```
a= [2, 3, 4, 5, 6, 7, 8, 9]
```

【程序说明】

程序中的语句1：比较列表a中相邻的两个元素；语句2：交换两个元素(交换两个数值有多种方法，详见第12课)。

2. 选择排序算法

选择排序法就是重复“从待排序的数据中找出最小值(或最大值)，将其与序列最前端的数值进行交换”这一操作的算法，直到全部待排序的数据排列完毕。

排序过程如下。

初始顺序：5 4 7 9 8 2 3 6 (将按从小到大的顺序排列)

第 1 趟：【2】4 7 9 8 5 3 6　(第 1 趟排序后，最小值 2 排到序列第 1 个位置)
第 2 趟：【2 3】7 9 8 5 4 6　(第 2 趟排序后，最小值 3 排到序列第 2 个位置)
第 3 趟：【2 3 4】9 8 5 7 6　(第 3 趟排序后，最小值 4 排到序列第 3 个位置)
第 4 趟：【2 3 4 5】8 9 7 6　(第 4 趟排序后，最小值 5 排到序列第 4 个位置)
第 5 趟：【2 3 4 5 6】9 7 8　(第 5 趟排序后，最小值 6 排到序列第 5 个位置)
第 6 趟：【2 3 4 5 6 7】9 8　(第 6 趟排序后，最小值 7 排到序列第 6 个位置)
第 7 趟：【2 3 4 5 6 7 8】9　(第 7 趟排序后，最小值 8 排到序列第 7 个位置)
排序完成。

选择排序中(以上述 8 个待排序列为例)，第 1 趟需要比较 7 次，第 2 趟需要比较 6 次，第 3 趟需要比较 5 次……第 7 趟需要比较 1 次。因此，总的排序次数为 7+6+5+4+3+2+1。换句话说，当 n 个待排数据使用选择排序法进行排序的次数为 $(n-1)+(n-2)+(n-3)+\cdots+1\approx n^2/2$。因此，选择排序法与冒泡排序法的时间复杂度相同，均为 $O(n^2)$。

【例 34.2】 用选择排序法对一组数据(5 4 7 9 8 2 3 6)由小到大进行排序。

【设计算法】

使用选择排序法的步骤如下。

(1) 定义列表 b 并初始化。

(2) 在 b[1]～b[7]中选择最小值，与第 1 个位置 b[0]的数据交换，即将最小值放入 b[0]中。

(3) 在 b[2]～b[7]中选择最小值，与第 2 个位置 b[1]的数值交换，即将最小值放入 b[1]中，以此类推。

(4) 直到第 7 个数值与第 8 个数值比较排序完。

用两层循环完成算法，外层循环 i 控制每趟比较后最小值存放的下标位置，内层循环 j 控制每 i 趟最小值的交换。

【编写程序】

根据以上算法描述，可编写程序如图 34.2 所示。

选择排序.py - \\Mac\Home\Desktop\python \第34课\选择排序.py ...

File Edit Format Run Options Window Help

```
b=[5, 4, 7, 9, 8, 2, 3, 6]

for i in range(0, len(b)-1):
    k=i                                  #语句1
    for j in range(i+1, len(b)):
        if b[j]<b[k]:                    #语句2
            k=j                          #语句3
    if k!=i:
        b[k], b[i]=b[i], b[k]            #语句4

print("b=", b)
```

Ln: 12 Col: 0

图　34.2

【运行结果】

```
b= [2, 3, 4, 5, 6, 7, 8, 9]
```

【程序说明】

程序中的语句1：k用于记录每一趟比较后最小值的索引下标位置，其初始状态默认为是当前i位置。语句2、语句3：如果在索引下标i+1到7中找到j位置上元素比最小值b[k]还要小，则更新k的位置，即k=j；语句4：交换b[k]和b[i]，将当前最小值放入b[i]中。

实践园

车厢重组。有一座桥，其桥面可以绕河中心的桥墩水平旋转，但其桥面最多能容纳两节车厢。如果将桥旋转180°，则可以把相邻两节车厢的位置交换，用这种方法可以重新排列车厢的顺序。请编写程序，假设初始的车厢顺序为4、3、5、1、2，计算最少用多少步就能将车厢按车厢号从小到大重新排序。

提示：典型的冒泡排序思想。

第35课 查找法

（1）掌握顺序查找算法及其应用。

（2）掌握二分查找算法及其应用。

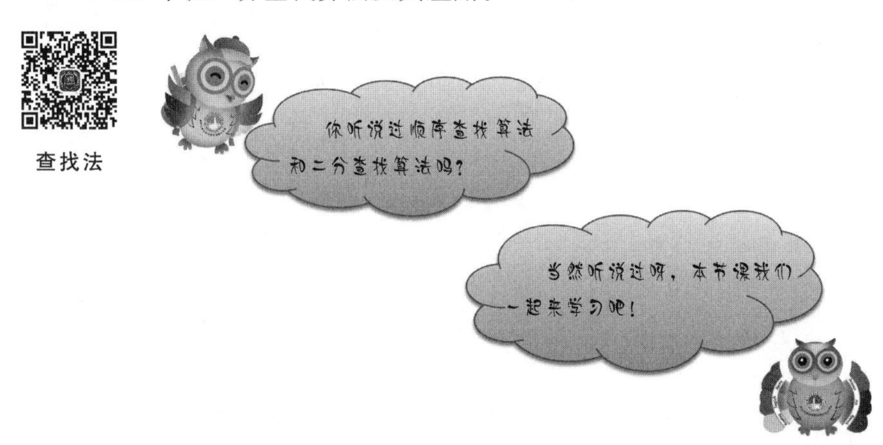

查找法
你听说过顺序查找算法和二分查找算法吗？
当然听说过呀，本节课我们一起来学习吧！

1. 顺序查找法

顺序查找算法又称线性查找算法，是指将要查找的目标元素与序列中的元素（按顺序）进行逐一比较，如果相同，查找成功；否则，查找失败。

顺序查找过程如下。

假设要查找的目标元素 key 为 5，查找过程如下所述。

（1）初始查找。将目标元素 key 与序列最左端的 8 做比较，结果不一致，则向右查找下一个元素。

8	2	7	3	6	9	5	4

（2）依次查找。此处目标元素 key 与序列的第 2 个元素结果仍不一致，则继续向右查找下一个元素。

8	2	7	3	6	9	5	4

（3）继续查找。相同的查找方式依次向右继续查找。

（4）成功查找。当目标元素与序列中的元素结果一致时，则查找成功。

8	2	7	3	6	9	5	4

顺序查找算法需要从头至尾不重复、不遗漏地按顺序逐一查找序列中的元素。因此，当数据量较大且目标元素靠后或目标元素根本不存在时，平均查找长度就会比较大，效率也会比较低。假设数据量为 n，那么顺序查找算法的时间复杂度便为 $O(n)$。

【例 35.1】 使用顺序查找算法在列表 a=[8,2,7,3,6,9,5,4]中查找目标元素 key，若查到，请输出该元素所在列表 a 中的位置；否则，输出“Not found!”。

【设计算法】

顺序查找法的步骤如下。

(1) 定义列表 a 并初始化。

(2) 输入目标元素 key。

(3) 利用循环实现从列表 a 的第一个元素开始逐一与目标元素作比较，如果目标元素与当前元素相等，则输出当前元素所在列表 a 中的位置。如果比较完整个列表 a，仍未找到与之相等的元素，则表示查找失败，输出“Not found!”。

【编写程序】

根据以上算法描述，可编写程序如图 35.1 所示。

```
顺序查找.py - \\Mac\Home\Desktop\python\第35课\顺序查找.py (3.8.2)
File Edit Format Run Options Window Help
a=[8,2,7,3,6,9,5,4]
key=int(input("目标元素："))

flag=0
pos=-1

for i in range(0,len(a)):
    if key==a[i]:
        flag=1     #语句1
        pos=i      #语句2
        break

if flag==1:
    print("列表位置：",pos+1)
else:
    print("Not found!")
Ln: 17 Col: 0
```

图 35.1

【运行结果 1】

```
目标元素：5
列表位置：7
```

【运行结果 2】

```
目标元素：100
Not found!
```

【程序说明】

程序中的语句1：变量flag用于标记目标元素是否在列表a中，如果在，将flag置1；否则，将flag置0(flag默认初始化为0)；语句2：如果在列表a中查找到目标元素，则变量pos用于存放目标元素所在列表中的下标位置(pos默认位置为−1)。

2. 二分查找法

二分查找法是一种在有序序列中查找数据的算法。它只能查找已经排好序的数据。二分查找通过比较序列元素与目标元素的大小，可确定目标元素是在序列的左侧还是右侧。比较一次，查找范围就会折半，重复执行该操作就可以找到目标元素。因此，也称折半查找法。

二分查找过程如下。

假设要查找的目标元素key为22，查找过程如图35.2所示。

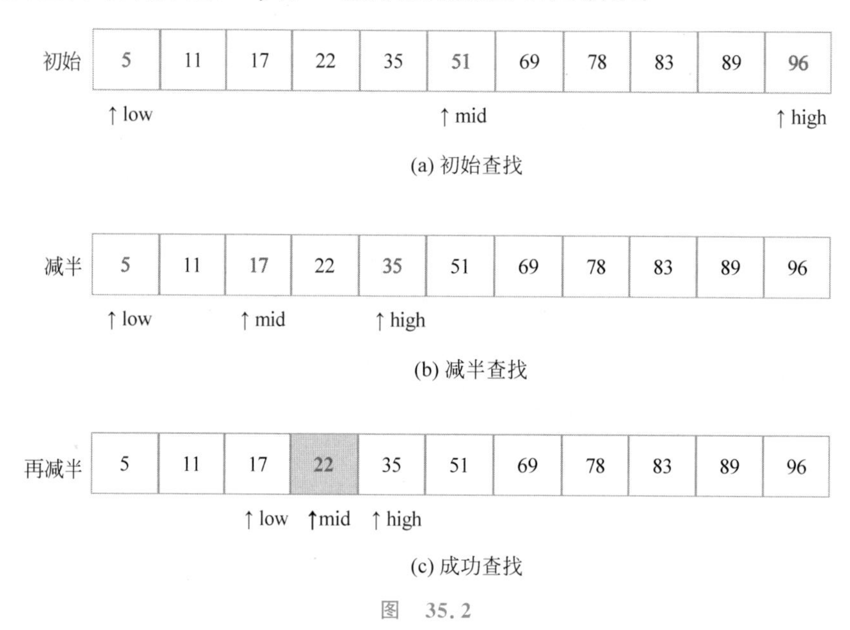

(a) 初始查找

(b) 减半查找

(c) 成功查找

图 35.2

在二分查找中，需要设三个变量：low、high、mid，分别表示查找区间的左端点、右端点和中间位置。初始状态下low＝0，high＝n－1；求mid＝(low＋high)/2，然后将目标元素key与b[mid]比较(假设在列表b中查找)；当key＞b[mid]时，那么low＝mid＋1，继续折半查找；key＜b[mid]时，那么high＝mid－1，继续折半查找；当key＝＝b[mid]时，则查找完毕，结束查找过程。

每一次查找都可以将查找范围减半，查找范围内只剩下一个元素时，查找结束。长度为n的序列，将其长度减半$\log_2^n$次后，就只剩一个元素了。因此，二分查找法的时间复杂度为$O(\log n)$。

注意：二分查找法只适用于有序序列。

【例35.2】 使用二分查找算法在列表b＝[5,11,17,22,35,51,69,78,83,89,96]中查找目标元素key，若查到，请输出该元素所在列表b中的位置，否则输出“Fail!”。

【设计算法】

二分查找法的步骤如下。

（1）定义列表 b 并初始化。

（2）输入目标元素 key。

（3）设变量 low、high 和 mid 分别表示表示查找区间的起、终点下标位置和中间位置，则初始状态下 low＝0，high＝len(b)－1。

（4）求待查区间中间元素的下标 mid＝(low＋high)/2，然后将目标元素 key 与 b[mid] 比较，决定后续查找范围：

① 当 key＝＝b[mid]时，则查找完毕，结束查找过程。

② 当 key＞b[mid]时，那么 low＝mid＋1，继续折半查找。

③ 当 key＜b[mid]时，那么 high＝mid－1，继续折半查找。

（5）重复步骤(3)和步骤(4)直到找到 key；或再无查找区域(low＞high)。

用 while 循环语句完成算法，终止 while 循环查找过程有两种情况，一是在某次查找过程中找到目标元素 key，即 key＝＝b[mid]；二是查找完毕但未找到目标元素，即 low＞high。

【编写程序】

根据以上算法描述，可编写程序如图 35.3 所示。

```
二分查找.py - \\Mac\Home\Desktop\python  \第35课\二分查找.py ...
File Edit Format Run Options Window Help
b=[5, 11, 17, 22, 35, 51, 69, 78, 83, 89, 96]
key=int(input("目标元素: "))

low=0
high=len(b)-1

while low<=high:
      mid=(low+high)//2       #语句1
      if key==b[mid]:         #语句2
         break
      elif key>b[mid]:        #语句3
           low=mid+1
      else:                   #语句4
           high=mid-1

if low>high:
   print("Fail! ")
else:
   print("列表位置: ",mid+1)
Ln: 20 Col: 0
```

图 35.3

【运行结果 1】

```
目标元素: 22
列表位置: 4
```

【运行结果 2】

```
目标元素: 100
Fail!
```

【程序说明】

程序中的语句 1：当(low+high)不能被 2 整除时，保留整数部分，此处要注意使用取整运算符(//)；语句 2：如果目标元素 key 等于中间数 b[mid]，则结束查找；语句 3：如果目标元素 key 在中间数 b[mid]右侧，则更新变量 low 的值；语句 4：如果目标元素 key 在中间数 b[mid]左侧，则更新变量 high 的值。

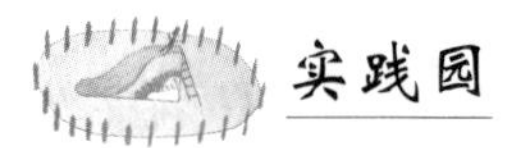

实践园

学习了二分查找法之后，对于第 17 课的猜数游戏，你会如何去猜数呢？假设现在给定一个目标数 key，并告诉你这个数在 10000 以内，请你编程写出使用二分算法思想进行猜数的过程。

【样例输入】

```
目标数：312
```

猜数过程如下。

【样例输出】

```
5000
2500
1250
625
312
猜数正确!
共猜 5 次!
```

参考文献

[1] 喻蓉蓉.小学生 C++编程入门[M].北京：清华大学出版社，2021.
[2] 生龙，薛红梅.大学计算机：Python 程序设计[M].北京：高等教育出版社，2020.
[3] 张文晓.计算思维与程序设计基础[M].北京：中国铁道出版社有限公司，2020.
[4] 徐福荫.信息技术·必修 1：数据与计算[M].广州：广东教育出版社，2019.
[5] 闫寒冰.信息技术·必修 1：数据与计算[M].杭州：浙江教育出版社，2019.

后　记

《Python 编程与计算思维》是我继《小学生 C++编程入门》之后的第二本著作。《小学生 C++编程入门》的出发点是为学有余力的中小学生而著，希望这本书能成为他们初探编程道路上的一盏明灯。而《Python 编程与计算思维》是一本为全体中小学生而著的普及性编程用书，希望能帮助孩子们更好地适应并立足未来的数字化时代。

2020 年 5 月，受疫情影响，为避免交叉感染，我校全面实施所有综合学科进教室上课的方案，这无疑给信息课带来了极大的挑战，作为一名信息技术教师该如何选择合适的内容来开展正常的教学呢？省编教材上的 Scratch 编程脱离了计算机肯定是无法进行的。经过几天的思考、分析，我最终做出决定——在教室上 Python 编程课。就这样，我按计划开始了在没有计算机的情况下为期 2 个多月的信息课教学，同时也做好了迎接各种挑战的准备。学习初期，我要求同学们准备一个笔记本专门用来学习 Python 语言，学生对这门早有耳闻的编程语言充满好奇与期待。但新的问题又来了，我应该每节课选择什么知识点，才适合小学生学习呢？于是我开始翻阅各种资料，最终在众多教材中，选择了部分适合小学生的内容开展教学，并将每节课中的重要知识点录制成微视频，以降低学生在没有计算机的情况下学习编程语言的困难。就这样以手写程序的方式完成了为期 2 个多月的 Python 课堂，尽管困难重重，却收获满满。教学实践告诉我，只要有合适的教学内容和得当的教学方法，小学生学习 Python 语言是完全可行的。

2020 年 7 月暑假期间，我开始了《Python 编程与计算思维》一书的编写计划，我尽量从小学生的视角出发，试图写出小学生能看懂的 Python 编程书籍。终于在 2021 年 3 月底完成了本书的初稿。一次偶然的机会，我与大学同学闲聊，她是山东省诸城市某高中的一名信息技术老师。她问我是怎么萌生写书的念头的，当时我告诉她原因很多，但其中最重要的原因非教学需求莫属。她表示我的教学理念与他们学校“学生的需求，就是我们的行动”这一号召不谋而合。简单几个字，我听完却深有感触。是啊，不管是为学有余力的学生而著的《小学生 C++编程入门》，还是为全体中小学生而著的普及型 Python 编程书籍《Python 编程与计算思维》，其实都是源自这样的教学理念。学生的需求就是教师努力的方向。

喻蓉蓉

2021 年 4 月 14 日

致　谢

本书在编写过程中得到了多方同仁的大力支持。在此，感谢南京市教学研究室信息技术教研员王少峰老师、南京市栖霞区教育局教研室信息技术教研员华柏胜老师、任志刚副校长、特级教师王倩主任以及小学部信息技术教研组的吴越老师、马杰老师、翁文强老师、殷青青老师、佘艳老师以及孙弦老师！

感谢我校2015级C++编程社团兴趣班的龚子涵、还佳齐、戴翌晨、牛子路、朱梓睿、刘姝君、马一禾、冯一之、穆迪悠等同学，感谢你们与我一起校对书稿，正是因为你们，让我体会到教学相长的强大力量。喻老师因你们而自豪，愿你们前程似锦，归来仍是少年！

感谢南京外国语学校仙林分校小学部张蕾芬校长为本书作序，感谢您一路以来的鼓励与支持，您的肯定是我坚定前进的强大动力。愿美好与幸福常伴您左右！

感谢南京师范大学教育科学学院的朱彩兰老师为本书写序，感谢朱老师曾来我校听过本书的第10课"数位之和"一课，并提出宝贵的指导意见，为我日后的Python教学工作指明方向。在此，我衷心地感谢朱老师给予我的莫大帮助！祝您幸福安康！

最后，感谢北京大学信息科学技术学院的郭炜老师，郭老师是我非常敬佩的老师，我曾在中国慕课网(https://www.icourse163.org)参加过郭老师开设的多门程序设计与算法的相关课程。郭老师以幽默诙谐，生动有趣的教学风格深深地吸引着我，特别是郭老师常挂口中的"学会程序和算法，走遍天下都不怕"的口号，更是让我记忆犹新。我的第一本著作《小学生C++编程入门》的第100课"放苹果问题"正是参考郭老师在2020年出版的《新标准C++程序设计教程》一书中的案例。在我完成本书的编写工作时，再一次想起郭老师，我想请郭老师为本书写一篇序，于是我联系了郭老师，令我惊喜的是郭老师答应了我的请求。郭老师能在百忙之中抽出宝贵时间阅读本书并为本书写序，我万分感谢！再次向郭老师深表谢意，愿您福运无疆！

喻蓉蓉

2021年4月14日